New Problems
New Perspectives

经济与管理新问题新视点丛书
JINGJI YU GUANLI XINWENTI XINSHIDIAN CONGSHU

创新政策的测量、评价与创新

——利益相关者视角

CHUANGXIN ZHENGCE DE CELIANG PINGJIA YU CHUANGXIN
LIYI XIANGGUANZHE SHIJIAO

陈剑平◎著

人民出版社

总　序

　　2017年,全球经济发展总体上回升,欧元区创六年半来新高,日本经济处于逾十年来最好的时期,印度经济增速自2016年年底推行"废钞令"以来持续放缓,新兴经济体与发展中经济体经济增速企稳。在全球经济发展背景下,我国推进供给侧结构性改革以及"三去一降一补"取得初步成效,"互联网+"新经济新动能快速增强,区域金融改革试点持续推进。2017年上半年我国GDP增速6.9%,在全球主要经济体位居前列,但仍存在许多问题,通胀压力大,导致收紧货币,货币收紧会导致融资成本上升。无论是原材料价格上涨,还是融资成本上涨均对企业不利;资产价格上涨太快,泡沫或已形成;产能过剩导致实业压力大;防范金融风险迫在眉睫;"一带一路"大开放背景下企业走出去与资金外逃并存。这些新问题使得当前我国经济运行向好之路仍存在风险和挑战。

　　2017年9月,中共中央、国务院印发《关于营造企业家健康成长环境弘扬企业家精神更好发挥企业家作用的意见》,首次明确强调企业家是经济活动的重要主体,营造企业家健康成长的环境,弘扬优秀企业家精神,更好发挥企业家作用,对深化供给侧结构性改革、激发市场活力、实现经济社会持续健康发展具有重要意义。显然,未来在经济发展的大开放格局下,需要构建"亲""清"新型政商关系,处理好政府与市场的边界,在此背景下,政府政策到底效应如何? 如何建立科学的评价体系进行有效评价? 在"互联网+""物联网""全域旅游""海洋经济""民营经济""服务贸易""开放经济""区域金融改革与发展"等热门领域,如何处理好政府与市场的关系? 如何处理好宏观、中观与微观之间的关系? 如何处理好走出去与资本外逃之间的关系？如何处理好金融与经济发展之间的关系？这些新问题的解决就需要新视点进行破解。

为了科学地回答这些新问题，新视点既需要理论的研究，又需要实践的探索；既需要实证的科学测量，又需要案例的典型剖析；既需要境外先进经验借鉴，又需要本土区域特色模式。为此，在应用经济学与工商管理两个一级学科建设框架下，我们提出了"经济与管理新问题新视点"研究计划，该研究计划正是针对经济大发展、大开放、大融合以及国家重视企业家精神培育大背景下出现的新问题提出的，具有很强的政策时效性、对策的实践性与理论的前瞻性。本研究以丛书形式推出系列成果，重点围绕政府创新评价、物联网下的个人隐私、旅游消费的文化嬗变、企业融资难、海洋金融创新、台湾金融发展、供应链运作的鲁棒决策与新产品、连续性政策评价、"一带一路"下的服务贸易等热门话题领域进行探索，具体内容体现在六个领域：

一是海洋金融、小微金融、涉台金融的新视点，紧紧围绕海洋金融、小微金融、涉台金融出现的新问题与新现象，试图从海外基金、国内产业基金、境外战略投资者、台资等的实践回答金融是如何支持国家海洋经济发展示范区建设；试图以路桥地区银行机构支持小微金融发展的成功经验作为切入点，探讨路桥模式成功的理论基础，通过建立一个竞争终止模型，对泰隆银行、台州银行服务小微金融的创新举措来分析其成功的内在原因；试图围绕台湾金融改革对金融效率产生的影响，构建起用以反映台湾金融改革执行情况的金融改革综合指标，采用 DEA 方法对台湾金融发展效率进行测算。

二是聚焦政府政策新问题下的利益相关者"利益—权力"视角下创新政策与利益相关者资源投入间的作用关系以及连续性政策的效果，引入 Donaldson 的利益相关者研究三分框架以及连续性政策的界定和动态评估方法，论证"创新政策研究为什么需要引入利益相关者""如何界定创新政策中的利益相关者概念与主体""如何界定与度量创新政策中利益相关者间的异质性""连续性创新政策效果"等问题。

三是凸显信息技术扩散理论和网络心理学的理论基础，研究物联网、隐私、个人隐私、个人隐私信息等基本概念，并对美国、欧盟、日本等典型国家或地区的物联网环境下个人隐私信息保护进行访谈、案例和文献研究,提出我国物联网环境下的个人隐私信息保护框架构建思路和核心内容,研判我国物联网环境下的个人隐私信息保护技术化路径、法制化路径和道德路径。

四是响应国家"一带一路"建设内涵及其在国外的号召,梳理了我国尤其是浙江国际服务贸易发展面临的新机遇和新挑战,同时借鉴国外服务外包发展的成功经验,寻找适合浙江国际服务外包的发展模式,提出浙江服务外包创新发展的基本路径,打造"浙江服务外包品牌",实现浙江国际服务外包创新发展。

五是立足消费社会学的视角,以中国传统文化价值观中的"面子"为核心概念,探讨了旅游者面子的内涵、建构及对行为意向的影响,以回应"中国旅游者在认知和行为上有何特殊性"的疑问,旅游者的面子是大流动时代中国消费者的文化嬗变的缩影。

六是针对新产品上市阶段企业鲁棒决策行为下的供应链运作管理问题,通过对新产品需求信息缺失特征及企业鲁棒决策行为刻画,揭示鲁棒行为下的新产品供应链决策特点,进而紧紧围绕新产品上市阶段的渠道、铺货、定价和订货等重要决策,设计供应链合作激励机制与管理干预举措,优化新产品供应链,促进新产品成功推出。

本丛书是浙江大学宁波理工学院商学院新成立以来的首套丛书,也是学校一流学科建设的学术成果。推出本丛书的目的是期望以此为平台,不断集结经济与管理领域的优秀学术成果。俗语说的好,"泰山不让土壤,故能成其大;河海不择细流,故能就其深",我们将一如既往,紧跟国家战略,顺应时代潮流,寻找新问题,聚焦新视点,剖析新案例,归纳新模式,提出新对策,谋划新篇章。最后,丛书得到人民出版社的大力支持,出版社相关同志为此做了大量工作,在此一并致谢。

肖　文

2017 年 9 月 30 日

前　言

现代技术创新过程模式背景下,技术创新已经成为由各利益相关者组成的创新网络的共同活动,而创新网络中各利益相关者间的相互博弈、协调与竞合水平导致了企业技术创新绩效的高低差异。政府创新政策作为公共政策在特定领域的范畴体现,其本质上是一种制度安排和规则设计,对企业技术创新活动有着外部导向与激励作用,在创新系统中占据重要地位。

但整体而言,现有创新政策研究成果在实践环节存在以下两个显著不足:一方面,研究结论存在解释力与一致性的不足;另一方面,无法为解决Edquist所指出的"给谁？给什么？给多少？怎么给?"这一政策瓶颈问题提供理论指导。对文献成果的进一步梳理显示,这些不足在很大程度上源于在创新政策与创新资源投入间的关系研究环节存在研究视角、变量引入以及概念定义等方面的局限性,整体上未能匹配"现代技术创新过程模式"发展的需要。因此,本书从现有创新政策实践中的突出问题出发,将利益相关者方法引入创新政策研究领域,探索性地研究利益相关者视角下创新政策与利益相关者创新资源投入间的作用关系,并通过作用关系研究结论的工具化应用,提出利益相关者视角下创新政策测量、评价与创新的"契合性"思路。总之,本研究对于丰富创新政策理论与方法、解决创新政策设计的瓶颈问题以及提高创新政策实践的有效性均具有重要意义。

本书引入Donaldson的利益相关者研究分类思路,从规范性、描述性与工具性三个层面界定与组织本书研究的问题与内容设计。在具体研究过程中,第一,本书从Donaldson的三分模型出发,对既有经典的利益相关者研究成果进行了梳理与归类,形成了具有创新意义的综述成果。第二,本书基

1

于公共政策特征属性、公共政策社会职能以及巴格丘斯的有效政策设计"匹配"模型等理论研究成果,从"合法性"与"合理性"两个角度,论证了创新政策研究中引入利益相关者视角的规范性问题,即"创新政策研究为什么需要引入利益相关者视角"。第三,通过梳理既有利益相关者概念界定与分类模型,从政策实践性、概念可行性以及技术创新情景契合等角度出发,论证创新政策研究中的利益相关者描述性问题,即"如何甄别创新政策中的利益相关者主体"与"如何界定与度量各利益相关者间的异质性"两个问题,并最终提出了创新政策研究中的九大利益相关者主体模型与基于"利益—权力"的利益相关者异质性界定模型。第四,遵循多案例研究结合扎根理论编码方法构建概念模型、理论推演与假设提出以及针对不同利益相关者群体开展独立的大样本调查与假设检验这一完整研究路径,开展创新政策与利益相关者创新资源投入间作用机理的研究。研究结果显示:一方面,创新政策通过差异化的作用路径影响利益相关者主体与内容,即不同类别的创新政策具有其特定的利益相关者作用主体与"利益—权力"的作用内容;另一方面,创新政策通过作用于利益相关者"利益"体现、"权力"体现以及"利益—权力"对称性,进而影响其在技术创新过程中的创新资源投入。第五,本书进一步开展了针对作用机理研究结论的工具化应用,提出了利益相关者视角下创新政策测量、评价与创新的"契合性"思路,并开发了一套利益相关者视角下的创新政策政策测量与政策评价工具,进而针对京、沪、浙、粤与苏五地区 2889 条创新政策样本开展政策量化、"契合性"评价与创新实践,最终提出了针对五地区创新政策的政策创新思路与建议。

整体而言,本书将利益相关者方法引入创新政策与政策作用机理研究领域,探索性地研究了利益相关者"利益—权力"视角下创新政策与利益相关者创新资源投入间的作用机理,进而提出利益相关者视角下创新政策测量、评价与创新的"契合性"思路与方法,具有在理论与实践上的双重创新意义。本书可能存在的具体创新点有:第一,首次将利益相关者理论引入创新政策研究领域,体现跨领域研究的理论创新;第二,基于 Donaldson 三分框架的经典利益相关者研究的研究综述,体现在文献梳理上的成果创新;第三,基于理论梳理、模型比较与匹配性分析的规范性与描述性论证,体现出在交叉领域中既有理论整合与应用的创新意义;第四,基于利益相关者"利益—权力"视角下创新政策与利益相关者创新资源投入间作用关系的研究,体现了创新政策与政策作用机理研究的视角创新;第五,从作用关系研究结论的工具化应用出发,提出利益相关者视角下创新政策测量、评价与创新的"契合性"思路,体现了在创新政策设计上的思路创新;第六,利益相关者视角下创新政策测量与评价方法和工具的开发与应用,体现出在政策评价研究领域的工具与方法创新。整体而言,本书研究具有一定的理论首创性,研究成果也具有较强的理论创新意义与实践指导价值。

本书最后章节还就研究中可能存在的不足与局限性进行了说明,并对未来研究提出了展望。

目　录

第一章 绪 论

一、问题提出

技术创新已经成为各利益相关者组成的创新网络的共同活动(盛亚,
2009)。Rothwell(1994)指出传统技术创新过程模式侧重于线性化的模式
探索,在一定程度上只关注创新过程中企业内部职能活动的实现,而忽略了
企业技术创新过程中多元化主体的主观能动性与交互关系,因此只适用于
简单产品的技术创新。事实上,企业经营过程实际上是一个利益相关者共
同创造价值的过程(Freeman,2010)。新经济时代背景下,技术创新过程变
得愈加复杂,传统封闭的企业内外部边界被打破或模糊化,技术创新活动也
更多是通过企业与周边组织所形成的创新网络加以实现(Rothwell,1994;Lun-
dvell,2006;盛亚,2008,2009)。进一步与传统技术创新过程模式相比较,现代
技术创新过程模式体现了从线性模式向交互模式转变的基本趋势,体现出多
方利益相关者参与和协同的活动特征,而企业与技术创新利益相关者间的相
互博弈、协调与竞合水平导致了企业技术创新绩效的高低差异(盛亚,2009)。
总而言之,随着 Freeman(1984)所描述的"动荡时代"到来,企业所面临的技术
环境的复杂性与时效性不断增强,企业的技术创新活动已从传统的内部职能
实现转变为更广泛利益相关者的协同参与。因此,创新政策的研究与实践也
应契合现代技术创新过程模式在特征、内容与结构演变上的要求。

政府创新政策[①]是政府出台的一种制度安排和规则设计,发挥对企业

---

① 以下行文用"创新政策"简化指代"政府创新政策"。

创新活动的外部激励作用,在创新系统中占据重要地位(Fagerberg,2006;刘风朝等,2007;陈向东等,2004)。现有针对创新政策作用机理的研究,试图剖析从创新政策到创新投入再到创新绩效的政策作用"黑箱",为政策设计提供内容、形式与结构上的设计依据。具体而言,其核心包括三个研究主题:第一,创新政策激励的对象主体是谁?第二,创新政策激励了政策对象的那些属性或内容?第三,创新政策对创新绩效的最终影响如何?第一个主题从本质而言,是研究层面选择的问题。除部分以国家或集群(刘风朝等,2007;岳瑨,2004)为研究层面外,大部分研究将研究对象聚焦于企业层面。第二个主题研究,主要集中于创新政策与创新绩效间中介变量的引入与验证。部分学者(陈向东,2004;李伟铭等,2008)尝试引入企业资源投入、创新能力或网络结构等中介变量,构建、验证了创新政策到创新绩效的相关作用机理模型。而针对第三个主题,现有研究成果为创新政策对创新绩效的正向激励假设提供了广泛支持(陈向东,2004;Hadjimanolis. etc,2001)。因此,创新政策投入与企业创新资源投入间的关系研究应该成为创新政策机理研究的焦点与关键。

创新政策的评价与测量是创新政策研究的重要内容,是指对一个国家或地区创新政策的综合性分析与计量式评价,评价标准应具有经济性与目标性的双重属性,评价结果为政策创新提供依据。通过对现有文献的梳理显示,现阶段创新政策测量与评价的实践整体呈现两个趋势:注重政策事前评价与强调混合研究方法。具体而言,一方面,传统事后评价模式因存在指导价值低与潜在成本高等局限,不利于科学、经济与高效的创新政策实践开展(赵莉晓,2014);另一方面,现有研究越来越强调采取多政策维度解构、频数与评估相结合的混合研究方法(刘朝风等,2007;盛亚等,2013;李靖华等,2014),这种方法强调对政策所内含的对象、目标、范畴以及政策力度与强度等方面综合评价,一定程度减少传统政策计量方法降维或简化带来的信息损失,有利于深入地探索创新政策的现状与趋势,也为政策创新提供具体的路径。因此,创新政策在研究与实践上的转变反过来也对创新政策研究提出了新的挑战——需要更为强调与区分目标与实践导向的创新政策主客体以及更为明确与具体的主客体间的作用机理。

整体而言,虽然现有创新政策的主客体界定与作用机理研究成果为创新政策实践提供了趋势、方向与思路上的启示,但现有研究更多将作为政策客体的企业看成是一个抽象的理性体,因此,这些启示存在内在的局限性。正如 Edquist(2001,2012)一针见血地指出:

现阶段,创新政策研究的瓶颈在于:现有研究没有解决"给谁? 给什么? 给多少? 具体怎么给?"的问题。

同时,现有创新政策作用机理的研究结论还存在解释力与一致性的不足,这体现在创新政策与企业技术创新资源投入间的关系上:一方面,类同的创新政策情境下,不同企业创新资源投入行为可能产生较大的差异(Laranja etc.,2008);而另一方面,不同创新政策情景也可能导致类同的企业创新资源投入行为(范兆斌等,2009)。

对现有文献的进一步梳理显示,现有创新政策作用机理研究在理论与实践上的局限性,很大程度源于其在创新政策与创新资源投入间的作用关系研究环节存在研究视角、变量引入以及概念定义等方面的局限。首先,存在研究视角上的不足。一方面,现有研究广泛从国家、区域乃至行业等宏观层面解析创新政策的设计理念与作用机制,缺乏从企业所面临的具体利益相关者环境视角出发来理解与设计创新政策;另一方面,现代技术创新过程模式指出,企业本质上是利益相关者的组合体,而利益相关者创新投入与协同水平最终导致了企业技术创新绩效的高低(盛亚,2009)。但现有大部分创新政策作用机理研究仍基于传统"企业—市场"二分概念,将企业视为技术创新过程中独立的抽象主体,并不符合现代技术创新过程模式下多元化创新主体的理论前提,因此也无法为解决创新政策实践的瓶颈问题带来在主体与内容上的理论依据,存在应用性与指导性的不足。其次,现有创新政策与企业创新资源投入关系的研究缺乏利益相关者视角下的中介变量引入。从利益相关者视角来看,创新政策作用过程中,企业因其所在的利益相关者网络结构与内容上存在异质性(盛亚,2009;陈剑平与盛亚,2013),导致创新政策在作用效果上存在差异性,进而导致了现有作用机理研究成果在实践环节所存在的解释力与一致性不足。最后,存在概念界定上的局限。现有主流研究往往将创新政策作用结果操作化定义为企业研发性资源的投入,这种简化处理可能带来概念范畴上的局限性。从利益相关者角度看,企业创新资源投入不仅应包括各利益相关者显性化的研发资源投入,还应包括各利益相关者在热情、契约乃至公民行为等因素上所体现的非研发性资源投入(盛亚,2009)。

整体而言,本书从现有创新政策与政策机理研究所面临的理论局限与实践不足出发,引入利益相关者视角,开展利益相关者视角下创新政策作用企业创新资源投入的主客体界定与作用机理研究,进而提出创新政策测量、评价以及创新的新思路与新方法。具体而言,本书首次将利益相关者理论与方法引入创新政策研究领域,从利益相关者视角理解、剖析企业的技术创新活动,探索研究创新政策与企业技术创新利益相关者创新资源投入间的作用关系[①],以弥补现有研究在研究视角、变量设计与实践指导上的不足,进而提出并实践利益相关者视角下创新政策测量、评价与创新的新思路与工具。因此,一方面本书实现了跨领域的整合研究,符合创新政策研究应匹配现代技术创新理论发展的客观要求,体现了理论创新的意义;另一方面,研究成果也对丰富创新政策测量、评价与创新的思路与工具,创新政策研究的理论发展与实践提升具有一定价值。

二、研究目的

本书拟将利益相关者方法引入创新政策研究领域,探索利益相关者视角下创新政策与利益相关者创新资源投入间的作用关系,进而提出创新政策测量、评价与创新的新思路与工具。事实上,自从 Freeman(1984)首次系统地提出利益相关者概念以来,针对利益相关者理论的批评与质疑从未间断(Donaldson,1995;盛亚,2009)。这些批评主要集中于利益相关者理论的

---

① 以下部分行文中用“作用关系”简化指代“创新政策与利益相关者创新资源投入间的关系”。

缺乏梳理与过于混乱方面,如"理论基础与目标的混乱"(Donaldson,1995)、"一个被不同的人用来代替不同对象的不可靠的概念"(Weyer,1996)等,这成为利益相关者理论发展的主要障碍(林曦,2011)。针对这个问题,Donaldson(1995)将既往的利益相关者研究进行了系统的梳理与归类,将利益相关者研究划分为规范性(normative)研究、工具性(instrumental)研究和描述性(descriptive)研究三类,他指出以往对利益相关者研究混乱的指责往往源于混淆了这三种不同的研究类型,并指出完整的利益相关者研究应包括三个层面的研究内容。

鉴于跨领域研究的首创性与完备性要求,本书在开展创新政策与利益相关者创新资源投入的关系研究之前,客观上需要首先开展包括"为什么要在创新政策研究中要引入利益相关者""创新政策研究中应包括哪些利益相关者"等研究命题的论证。因此,本书拟采用 Donaldson 的利益相关者三分框架,系统界定与组织本书的相关研究内容,体现本书在内容与结构上的逻辑性与完备性。因此,本书的主要研究目的如下:

(一)将利益相关者方法引入创新政策研究领域

现有创新政策研究所面临的理论局限与实践问题,很大程度源于其在研究视角上的缺失(盛亚,2009;陈剑平与盛亚,2013)。新经济背景下,企业技术创新过程模式已经从强调传统内部职能实现转变为强调更广泛利益相关者的协同参与,这导致创新政策研究所面临的政策目标与创新理论基础发生了深刻的变化。因此,创新政策研究与实践也应匹配于这种创新理论与过程模式发展的要求。本书引入跨领域、跨理论的研究视角,探索性地研究创新政策与利益相关者资源投入间的作用关系,进而为推动未来创新政策研究与政策实践发展、解决现有创新政策研究与政策实践所面临的问题提供新的方向与契机。

(二)系统梳理利益相关者领域的理论成果

针对分类视角下利益相关者研究综述成果的空白,本书尝试采用 Donaldson 的三分框架,对经典的利益相关者研究成果进行系统梳理与归类,理清既有研究成果的研究层次、发展脉络以及相互关系,为完善现有利益相关者研究的知识体系提供综述性成果。另外,本书还从技术创新情景出发,针对技术创新中利益相关者的相关研究成果也进行基于三分框架的综述性梳理。整体而言,通过形成系统性、层次性与递进式的利益相关者研究综述成果,进一步梳理与完备了利益相关者研究的知识体系,也为开展创新政策与利益相关者资源投入间的关系研究奠定理论与文献基础。

(三)论证创新政策研究中利益相关者的规范性与描述性基础

根据 Donaldson 的定义,本书首先需要论证的是"创新政策研究中为什么应引入利益相关者视角与方法"这一规范性前提。具体而言,首先,本书拟引入公共政策理论、现代产权理论、有效政策设计"匹配"模型以及技术创新发展模式等相关理论研究成果,论证这一规范性命题。其次,针对创新政策研究中的利益相关者描述性问题,本书将其具体界定为"创新政策中应有哪些利益相关者"以及"如何描述与度量各利益相关者在创新政策中的异质性"。一方面,本书拟通过对经典利益相关者概念模型的系统梳理与分类,从公共政策实践性、概念可行性以及创新情景契合性等角度出发,比较与论证相关概念分类模型的优劣性,提出创新政策研究中利益相关者的概念与主体界定模型;另一方面,由于各利益相关者在企业技术创新过程中存在显著的异质性,而针对利益相关者间的异质化程度开展对应的差异化管理策略与措施是利益相关者管理的核心思路(Savage,1991;Mitchell,1997;盛亚,2009)。因此,在相关模型梳理与比较结论的基础上,本书还进一步构建了创新政策研究中利益相关者的异质性界定与度量模型。整体而言,本环节相关命题的论证为开展创新政策与利益相关者资源投入间的关系研究奠定了规范性前提以及在利益相关者概念、主体与内容界定上的描述性基础。

(四)剖析创新政策与利益相关者创新资源投入间关系

Donaldson(1995)指出,利益相关者的工具性研究主要关注的是"企业与利益相关者间的关系将产生什么样的结果"与"应采取何种有效的利益相关者管理策略"的问题。因此,开展创新政策与利益相关者资源投入间的作用关系研究是创新政策中利益相关者工具性研究的核心与关键。本书从利益相关者"利益—权力"视角出发,剖析创新政策与利益相关者创新资源投入间的作用关系"黑箱",即剖析创新政策如何差异化地影响利益相关者的主体、内容与结构,进而影响其创新资源投入水平的完整作用机理过程。具体而言,本书拟通过多案例分析方法探索构建作用关系的概念模型,在理论演绎的基础上进一步提出作用关系的具体研究假设,进而针对各利益相关者分别开展大样本的实证调查与假设检验。作用关系研究是本书研究的核心内容,其研究结论为开展利益相关者视角下创新政策创新提供了理论基础与指导依据。

(五)关系研究结论的工具化应用——基于利益相关者的创新政策测量、评价与创新

Donaldson(1995)指出利益相关者的工具性研究还应包括"应采取何种有效的利益相关者管理策略"这一关键问题。因此,开展作用关系研究结论的工具化应用也是本书的重要内容与最终目的所在。本书拟从作用关系研究的研究结论出发,提出利益相关者视角下创新政策测量与评价的"契合性"思路,即从既有政策与目标政策在利益相关者"利益—权力"内容与结构上的"契合性"比较出发,进而采取具有针对性、重点性的创新政策创新思路与措施。具体而言,本书拟开发出一套基于利益相关者视角的创新政策测量与评价方法,并针对具体的创新政策样本开展创新政策测量实践,将政策评价结果与目标政策标准进行"契合性"比较,进而提出针对既有政策样本的政策创新建议。整体而言,基于利益相关者视角下创新政策测量、评价以及创新的"契合性"思路是作用关系研究的成果整合与工具化应用,整体上提高了本研究的外部效度与应用指导价值。

三、研究设计

马克斯威尔(2007)针对传统的、线性的研究设计所存在的局限性,提出了"互动性"研究设计框架,即研究设计是一个进行中的过程,需要在设计的各个要素之间来回"走动"(tacking),即具体需要处理与评价研究目的、概念框架、研究问题、研究方法以及效度控制五个要素内容以及这些要

素间的关系。整体而言,马克斯威尔所提出的研究设计框架,具有较强的系统性、结构性与操作性。因此,本书拟采用马克斯威尔的框架模型对研究所涉及的要素进行系统梳理与阐述,基本框架图如图1-1所示。

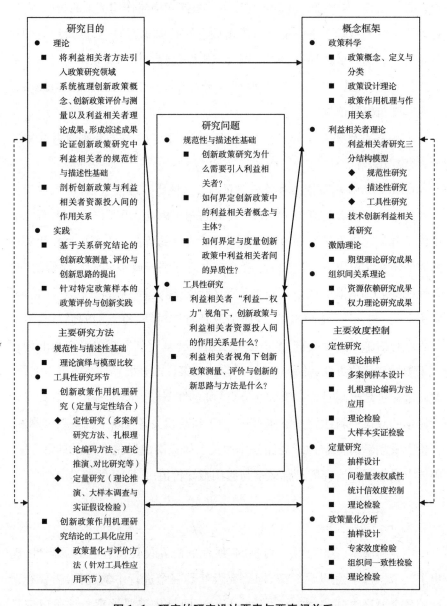

图1-1　研究的研究设计要素与要素间关系

在马克斯威尔的框架模型中,整体的研究设计框架由五个部分构成,即研究目的、研究问题、概念框架、研究方法以及效度控制,各框架要素间形成一个综合、互动的整体,其中每一个要素都与其他几个要素密切相连,而且不是以"线性或环形顺序连接在一起"(马克斯威尔,2007)。其中,研究目的所需澄清的是主要的研究内容与研究的理论意义与现实价值;概念框架是指导与丰富研究的理论、思想与先前的研究发现;研究问题指具体的问题以及这些问题间的关系与层次;研究方法指研究中使用的方法与技巧,包括定性与定量的选择、抽样、资料收集以及数据分析等内容;最后,研究效度控制指研究者对研究过程中信效度威胁的认识以及补救方法。根据马克斯威尔的研究设计框架,本研究的主要研究设计陈述如下:

(一)研究目的

正如前文论述,本书的研究目的可归纳为两个方面:理论目的与实践目的。理论目的包括:(1)将利益相关者方法引入创新政策研究领域,弥补现有研究在研究视角与成果应用上的局限性,推动交叉领域研究的整体发展;(2)系统梳理创新政策与利益相关者领域的理论成果,形成具有首创意义的综述性成果;(3)构建创新政策研究中引入利益相关者方法的规范性与描述性基础;(4)剖析创新政策与利益相关者资源投入间的作用关系。

本书根据 Donaldson 的范畴界定,进一步开展作用关系研究结论在实践层面的工具化应用,其主要目的包括:(1)推动创新政策设计者从利益相关者视角理解创新政策的研究与实践;(2)开发一套基于利益相关者视角下创新政策测量、评价与创新的思路与方法,并开展探索性实践。

(二)研究问题

研究问题的理解与设计源于研究目的的明确,通过对研究目的与研究内容的具体化、情景化操作,本书主要的研究问题分解如下:(1)规范性研究环节,具体的焦点问题是"创新政策研究中为什么需要引入利益相关者视角"。(2)描述性研究环节中,研究问题具体表述为"如何界定创新政策中的利益相关者主体"以及"如何界定与度量创新政策中各利益相关者间的异质性"两个焦点问题。(3)而在工具性研究环节,研究问题划分为两个子范畴:第一,利益相关者视角下创新政策与利益相关者资源投入间关系的研究范畴,其关注的研究焦点问题是"利益相关者视角下,创新政策如何作用与影响利益相关者创新资源投入"。而这个问题在研究中又进一步划分为两个具体的子问题"创新政策通过何种差异化路径作用于利益相关者的主体、内容与结构"以及"创新政策对具体利益相关者的差异化影响将导致其创新资源投入水平的何种变化"。第二,作用关系研究结论的工具性应用,其关注的焦点问题是"利益相关者视角下创新政策测量、评价与创新的新思路与方法是什么",并基于该设计思路进一步开展针对特定政策样本的创新实践。

整体而言,本书从规范、描述与工具三个层面出发,界定与组织相应的研究问题与研究内容,体现出层次分明、互为基础、层层递进的逻辑关系,构成了利益相关者视角下创新政策合法研究、作用机理以及工具应用的完整内容。

(三)概念框架

根据研究目的与研究问题的设定,本研究涉及的主要概念框架包括以下方面的内容:(1)政策科学理论框架,主要包括:第一,政策概念、定义、特征等方面的研究成果;第二,政策设计理念与有效性评估等研究成果;第三,创新政策概念、定义、演变与分类等研究成果;第四,现有针对创新政策作用机理与作用关系研究成果的梳理综述。(2)利益相关者理论框架,主要包括:第一,基于 Donaldson 三分框架对现有经典的利益相关者研究成果进行梳理与归类;第二,基于 Donaldson 三分框架对现有技术创新中利益相关者研究成果进行梳理与归类;第三,激励理论与组织间关系理论,在作用关系研究环节中,通过引入期望理论、资源依赖以及权力理论等经典理论框架与相关研究成果,提出并验证相关的研究假设。

(四)研究方法

根据研究目标与研究问题的设计,本书整体而言上采用定量与定性相结合的研究方法。理由是,定量方法适用于理论发展成熟阶段的研究,而定性方法则符合理论发展初级阶段研究的要求,理论发展中级阶段的研究则需要两者的有机结合(Jick,1979)。本书首次将利益相关者方法引入创新政策研究领域,处于理论初级发展阶段,适用定性研究方法的范畴;而同时研究中的概念框架更多采用经典的、成熟的模型成果,因此,适合使用定性与定量相结合的研究方法。具体而言:(1)规范性与描述性研究环节,采取的研究方法主要包括文献阅读、逻辑演绎与模型比较等定性研究方法。(2)工具性研究环节中,主要采取定量与定性相结合的方法。其中,在作用关系研究环节,首先,采取多案例分析思路结合扎根理论编码方法构建基本研究模型;其次,在多案例研究结论的基础上,通过逻辑演绎与论证的方法,提出作用关系研究环节的具体研究假设;最后,通过分别针对各利益相关者的大样本调查对具体研究假设进行实证检验,提出利益相关者视角下创新政策与利益相关者创新资源投入间关系的最终研究结论。(3)在作用关系研究结论的工具化应用环节,首先,通过逻辑演绎的方法提出利益相关者视角下创新政策研究的基本思路与方法;其次,通过政策量化理论与方法的比较与整合,设计出一套基于利益相关者视角的创新政策测量与评价方法;最后,针对创新政策样本开展政策"契合性"比较结果,进而提出具体的政策创新思路与建议。

整体而言,本书采用了定量与定性相结合的研究方法,契合本书的研究目标与研究问题需要,为本书的理论创新与研究成果提供了研究方法与研究效度上的保障。

(五)效度控制

研究效度的控制包括甄别效度威胁与设计控制方法等内容,而具体效度控制手段与研究方法、研究问题相关(马克斯威尔,2007)。根据本书研究方法与研究问题的设定,本研究主要的效度控制手段有:(1)定性研究中主要效度控制手段包括:针对研究样本的理论抽样操作,即通过对研究样本典型性、有效性的甄选来确定定性研究中的研究样本;多案例样本的研究设计,即通过案例研究中多样本设计,提高研究成果的信效度水平;在案例分析中引入扎根理论编码方法,将定性数据进行定量化处理,提高研究的信效度水平;引入理论饱和度与理论检验环节,检验研究成果的信效度水平;以及针对定性分析结果的大样本调查与实证环节检验设计。(2)定量研究中主要效度控制手段包括:大样本抽样、问卷量表的权威性、统计环节的信效度控制与检验以及定量研究结果的理论检验等环节设计。(3)在政策的量化与评估环节,由于存在量化标准制定以及多人编码的问题,采取了专家评估、政策样本的理论抽样、组织间一致性检验以及研究成果的理论检验等效度控制手段。整体而言,基于研究方法与问题的设定,本书根据不同研究环节设计了多重、科学的信效度控制手段,以保障研究过程与结果的有效性。

整体而言,本环节基于马克斯威尔研究设计模型,梳理了本书的研究目的、研究问题、概念框架、研究方法以及其效度控制的要素内容以及要素间的关系,为本书提供了完整、清晰的研究设计框架与内容。

四、内容安排

基于研究目标与研究设计的设定,本书的章节安排阐述如图1-2。

第一章为绪论,主要内容为从创新政策设计领域的理论与实践问题出发,提出本书的研究问题、研究目标以及研究设计以及章节安排等。

第二章为文献综述,对本书所涉及的概念框架进行系统的梳理与综述。鉴于本研究的跨领域属性,本章主要的内容包括:政策科学与政策设计、创新政策测量与评价研究、创新政策作用机理与作用关系、利益相关者研究以及技术创新中利益相关者研究等范畴内的文献综述,梳理相关领域的理论发展、知识脉络、研究局限等。

第三章、第四章分别是创新政策研究的利益相关者规范性与描述性分析,目的为论证创新政策研究引入利益相关者视角的规范性与描述性前提。具体而言,通过理论演绎、逻辑推演以及比较研究等方法,回答"为什么创新政策设计中需要引入利益相关者视角与方法"这一规范性问题以及"创新政策研究中有那些利益相关者"与"如何界定与度量创新政策中利益相关者间的异质性"两个描述性问题。这两章的研究结论为开展利益相关者视角下创新政策作用机理以及测量、评价与创新的研究奠定了基础。

第五章为利益相关者视角下创新政策作用机理的案例研究。针对创新

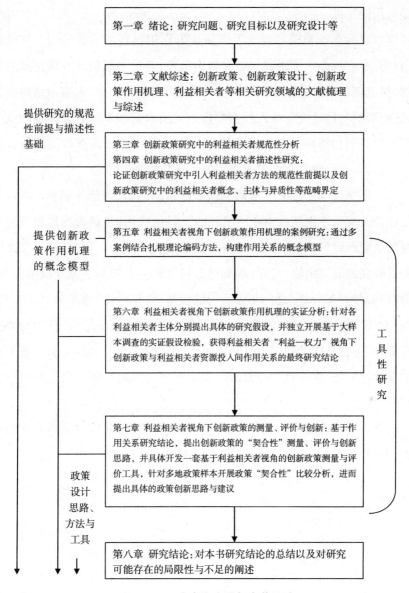

图1-2 研究内容安排与章节设计

政策中核心利益相关者群体(高管、员工、合作者与股东),采取多案例研究
思路并结合扎根理论编码方法,理论抽样并分析了具有代表性的企业样本,
探索构建了利益相关者"利益—权力"视角下创新政策作用于利益相关者
创新资源投入作用机理的概念模型,为开展作用关系的实证研究提供概念

模型与假设基础。

第六章为利益相关者视角下创新政策作用机理的实证分析。具体而言,首先,本章从多案例研究的研究结论出发,通过文献梳理与理论推演等方法,提出创新政策通过作用于利益相关者"利益—权力"内容与结构的体现,进而影响其创新资源投入行为的作用关系研究假设与假设模型;其次,分别针对不同利益相关者样本开展独立的大样本抽样调查与实证假设检验;最后,修正、完善并最终形成作用关系研究的最终结论。

第七章探讨利益相关者视角下创新政策的测量、评价与创新。本章为利益相关者视角下创新政策作用机理的工具化应用,目的为构建利益相关者视角下创新政策测量、评价与创新的新思路与新方法。具体而言,基于作用关系研究的研究结论,首先,本章提出利益相关者视角下创新政策测量、评价与创新的"契合性"思路与方法;其次,基于"契合性"思路,开发了一套利益相关者视角下创新政策测量与评价的方法,并针对京、沪、浙、粤与苏五地区 2989 条研究样本开展了政策量化与"契合性"评价;最后,基于政策样本的量化评价与"契合性"比较结论,提出了针对五地区创新政策的创新思路与建议。

第八章为研究结论。本章对研究结论进行总结,并阐述本研究可能存在的局限性与不足,指出下一步的研究展望。

第二章　文献综述

根据研究目的与研究设计,本章拟从政策科学、政策评价、利益相关者理论以及技术创新利益相关者四条主线出发,构建本研究相关文献综述的主体框架。其中,基于 Donaldson(1995)分类模型下的利益相关者与技术创新利益相关者的研究综述内容具有在综述视角与综述成果上的创新意义。

第一节　政策科学与创新政策

一、公共政策与政策科学

政策是指人类通过谋划来解决实际问题的手段和工具(胡宁生,2007)。由于现实中人类需要解决的问题多种多样,这些问题进而联结成一个从个人与家庭问题到集团与企业问题,再到地区与国家问题,乃至全球问题的社会问题链(陈潭,2003)。因此,解决这些不同层次问题所对应的政策也就排列成一个政策连续谱:个人与家庭政策、集团与企业政策、国家政策以及全球治理政策。在这个政策连续谱中个人与家庭政策、集团与企业政策被称为私人政策,而国家政策与全球治理政策称为公共政策(陈潭,2003;胡宁生,2007)。

公共政策的定义总体可以被划分为三类(胡宁生,2007):第一种是管理职能型定义,即强调公共政策是政府为解决社会重大发展问题所履行的管理职责,如 East(1953)指出"公共政策是政府对全社会所作的权威分配";第二种是活动过程型定义,即强调公共政策的目的、规范性与连续性,如安德森(1990)认为公共政策是"一个有目的的活动过程,而这些活动是由一个或一批行动者,为处理某一问题或有关事务而采取的";第三种是行为准则型的定义,即强调公共政策的权威性与导向性,如伍启元(1989)指出"公共政策是一个政府对公私行为所采取的指引"。整体而言,上述三类定义虽然在研究视角上存在差异,但其共同性在于:都强调政府在公共政策上的主体地位,而公共政策的客体为社会公共问题(陈振明,2004)。同时,公共政策还具有公共部门、公共领域、公权力、公共利益以及公共价值的基本特征(胡宁生,2007)。总而言之,公共政策是政府为解决一定的社会问题,通过一系列政府强制行为来履行政府管理职能的过程,这也是本书对公共政策概念的范畴界定。

与公共政策相关的另一个概念是公共政策工具。从广义角度上而言,公共政策本身就是公共政策工具(赵媛和苏竣,2007)。Ringeling(1983)将政策工具定义为:

> 政策工具是政策活动的一种集合,它表明了一些类似的特征,关注的是对社会过程的影响和治理。

胡宁生(2007)认为公共政策工具是政府为了推动政策的贯彻、落实,所采用的一系列有效的方法与手段。德·布鲁金(2007)基于 Ringeling 的定义,进一步指出:一方面,政策工具中可能会纳入一些非正式性的活动,但这些活动不符合政策工具的动态属性,不应予以重点关注;另一方面,Ringeling 的定义还隐藏着政策目标确定的前提假设。综合多位学者的观点,本书认为政策工具应具有以下特点:第一,公共政策工具是政策措施的集合,是公共政策实现的具体路径,为最终的公共政策目标服务(Ringeling,1983;胡宁生,2007);第二,具体的政策工具应具有较强区分与聚合效度,能实施分类管理;第三,政策工具在方法与手段上应具有多样化的特征;第四,公共政策在机理与实践层面的研究很大程度上应聚焦于政策工具的范畴内。因此,从狭义角度而言,公共政策与公共政策工具两者间既有区别又有联系,前者界定了创新政策的基本内涵和主要目标,后者则是实现这些目标的手段。鉴于公共政策有效性很大程度取决于公共政策在工具层面的有效设计,巴格丘斯(2007)提出了科学政策设计的"匹配性"原则,即政策工具特征应与所其对应的政策环境相匹配。他指出政策设计的四个核心要素分别为:政策工具的特征、政策问题、环境因素以及目标受众特征四个因素,而"政策环境与政策工具相匹配"原理指:政策工具只有在以政策工具特征为一方,与以政策环境、目标和目标受众为另一方之间相匹配时才是有效的,这为政策工具设计思路研究带来了巨大的启发。

政策科学是指从总体上对公共政策干预效果的学术评估性研究,其核心内容是公共政策制定的一般过程及其具体的政策问题,其中包括狭义上的政策理念、政策研究以及政策评价等内容(顾建光,2004)。Lasswell 1950年出版的《权力和社会:一项政治研究的框架》一书正式提出了政策科学这一概念。其后,经由 Dror 等人的进一步继承与发挥,形成了所谓"Lasswell-Dror"范式,其主要思想是:以问题为导向、以政策研究为中心,整合、超越各个学科,强调历史与未来相结合,鼓励学者与官员相结合以及引进运筹模型等。进入 20 世纪 70 年代后,"Lasswell-Dror"范式受到巨大的挑战,其中主要包括对其构建跨学科绝对知识体系的可能性、完全理性假设等理论基础的质疑。相对于"Lasswell-Dror"范式,现代意义的政策分析实际上只是一种技术性较强的专门知识,其强调的核心是以问题为逻辑起点、多学科的交互融合以及多样性的情景与主体:

政策科学应构建一个考虑多种价值理论、行为假设和环境假设的逻辑统一的框架。(姚浩与刘启华,2002)

整体而言,从政策、公共政策到政策工具再到政策科学,体现了一个从对象到边界再到实施路径再到实施指导的关系逻辑。首先,公共政策是政府为解决具体社会问题、履行管理职能的广义过程,而政策工具是实现公共政策目标的具体手段与措施,从广义角度看,公共政策本身就是公共政策工具;其次,有效的公共政策实践源于有效政策工具设计,而政策工具的有效性又取决于政策工具特征是否与公共政策问题、政策环境因素以及目标受众特征等因素相匹配(巴格丘斯,2007);最后,政策科学提出了政策研究过程中对政策理念、政策研究以及政策评价完整内容的要求。因此,随着公共政策问题广泛化、政策环境复杂化以及目标受众多样化的深入发展,公共政策界定、政策工具有效性设计以及政策科学范式应用,越来越成为公共政策研究的重点与难点,也是本书在政策研究对象、内容与范畴界定上的基本思路与依据。

二、创新政策概念与分类

创新政策作为公共政策在创新领域的专项体现,本质上是一种制度安排和规则设计,在创新系统中占据重要的地位(Fagerberg,2006;刘凤朝与孙玉涛,2007)。但学术界对于创新政策的概念与内容界定上却存在一个发展与演变的过程,至今也未形成统一的概念(Lundvall,2006)。整体而言,现有研究更普遍地从政策目标视角出发,将创新政策区分为三个发展的概念——科学政策、技术政策以及创新政策(Lundvall, 2006)。Rothwell (1985)从产业发展视角出发,将创新政策定义为科技政策与产业政策的总和。陈进和王飞绒(2005)从功能与目标出发,将创新政策定义为:一国政府为促进技术创新活动的产生和发展,规范创新主体行为而制定并运用的各种直接或间接的政策和措施的总和。Bryant(2001)将创新政策概念界定的发展划分为三个阶段:20 世纪 50 年代至 60 年代对应于科学与经济增长之间相互联系的观点,各国提出了"科学政策"这一概念,强调对基础科学研究的资助;60 年代至 70 年代人们开始认识到科学并不等于技术,因此提出了"技术政策"概念,强调科学与技术的应用环节;从 80 年代末期到 90 年代,随着对 R&D 的强调,"创新政策"应运而生,即政策设计更加倾向于以知识经济为基础的整体性与系统性。但 Lundvall(2006)认为三个概念的发展并不完全是历史上前后相继的割裂阶段,而是紧密联系的关系,他举例指出:

> 如现代生物和医药科技的发展缩短了基础研究和商业应用之间的距离。因此,大学的地位和作用成了一个主要的问题。而基因工程技术带来了伦理道德方面的问题,而我们通常会将其与科学政策联系起来。

因此,他认为科学政策聚焦于产品和科学知识,技术政策聚焦于部门技术知识的推进和商品化,而创新政策关注的是经济的整体创新绩效,三者虽有不同,但存在相互间的交叉和重叠。Lundvall(2006)进一步用图形的方式对三者关系进行描述,如图 2-1。

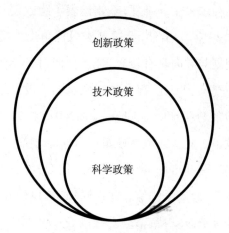

图 2-1　科学、技术、创新政策之间的关系

资料来源:Fagerberg Jan,Mowery David,C.,Nelson Richard,R.,*The Oxford Handbook of Innovation*,Oxford:Oxford University Press,2005.

从图 2-1 可以看出,Lundvall 认为科学政策、技术政策与创新政策由内向外嵌套,创新政策具有更广义的范畴,应包括前两者的主要内容。由于 Lundvall 的分类与定义整合了以往广泛的创新政策概念研究成果,很大程度上代表了创新政策的经典定义,因而获得了广泛的认可与应用(盛亚,2012;陈剑平和盛亚,2013)。

与创新政策概念界定相对应的是创新政策的分类研究,但实际上现有对创新政策分类的研究却是出奇地有限(Bodas Freitas & Tunzelmann,2008)。Ergas(1987)将"创新政策"分为使命导向型和扩散导向型两种,他指出美国、英国和法国的创新政策主要是使命导向型,德国、瑞士和瑞典的创新政策主要是扩散导向型。尽管这些国家都是市场经济国家,但受各国制度和经济环境的影响,其国内创新产生、选择和模仿的过程并不相同。Cantner 和 Pyka(2001)在 Ergas 研究成果基础上,开发出一个包含"市场贴近程度"和"政策措施的特定性"两个维度的创新政策分类框架,将创新政策进一步划分为基础研究 I 型、基础研究 II 型、扩散型、使命型。Bodas Freitas 和 Tunzelmann(2008)整合以往创新政策分类研究成果,提出了分析公共创新支持政策的三维度框架:即使命型与扩散型维度、一般型与特定型维度以及地方主导与中央主导维度,整体代表了跨国创新政策比较和分类的最新水平(武欣,2010)。虽然,上述从宏观视角出发的政策分类方法对国家层面的政策规划与导向具有较大启发性,但对于具体政策内容设计而言缺乏具体的指导意义。因此,部分学者也试图从政策工具与措施的角度开展针对创新政策的分类研究。Johansson(2007)将创新政策分为一般性政策工具和特定政策工具。一般性政策工具包括制度、基础设施、激励、教育与培训、国际贸易、劳动市场、金融市场、公司等,特定性政策工具包括创新系统、R&D、商业化、政府采购等。周景勤(2005)将面向中小企业技术创新的政策工具划分为财政支持、金融支持以及技术支持三类。而最具有经典性与操作性的应该是 Rothwell 的分类方法。Rothwell(1985)从政策措施目标与措施手段角度,将创新政策工具分为供给、环境与需求三大类,以及十三个子类,见表2-1。

表 2-1　Rothwell 政策工具分类模型与内容

政策维度	政策工具名称	政策工具说明
供给政策	人力资源培养	人力资源培养主要指政府有关职能部门根据产业发展的需求,建立长期的和全盘性的人才发展规划,并积极完善各级教育体系及各种培训体系,开拓包括吸引海外留学人才为国服务在内的国际人才交流渠道,为技术创新活动提供充裕的不同层次的人力资源
	信息支持	信息支持主要指政府收集整理国内外产业和技术信息,并通过建设信息网络、图书馆、资料库等信息基础设施,为技术创新活动提供公共信息服务,减少和避免技术创新中的信息不对称
	技术支持	技术支持主要指政府通过技术辅导与咨询来协助产业的技术创新并加强技术基础设施的建设,其中包括出资建立研发实验室,建立学习机制,让国有研究机构从事与产业发展相关的技术及产品研发,并将技术成果扩散到民营企业,同时采取相应的措施鼓励国有企业率先引进国外先进技术
	资金支持	资金支持指政府直接对企业的技术创新行为提供财力上的支援,如提供研发经费和基础设施建设经费等
	公共服务	公共服务指政府为了保障技术创新的顺利进行,提供相应的配套服务设施,其中包括交通、通讯、医疗、办理进出口以及相关事务的专业咨询服务机构

续表

政策维度	政策工具名称	政策工具说明
环境政策	财务金融	财务金融支持主要指政府通过融资、补助、风险投资、特许、财物分配安排、设备提供和服务、贷款保证、出口信用贷款支持企业的创新
	租税优惠	租税优惠主要指政府给予企业和个人赋税上的减免。包括投资抵减、加速折旧、免税和租税抵扣等
	法规管制	法规管制是指政府通过制定公平交易法、加强知识产权保护、加强市场监管、反对垄断、制定环境和健康标准等措施,规范市场秩序,为创新提供一个有利的环境
	策略性措施	策略性措施指政府基于协助产业发展的需要,制定区域政策、鼓励企业合并或联盟的政策以及鼓励技术引进和创新的政策等
需求政策	政府采购	政府通过对新产品的大宗采购,提供一个明确稳定的市场,减少企业创新初期所面临的不确定性,激发企业创新的决心。政府采购包括中央或地方政府的采购、公共事业的采购等
	外包	外包是指政府各机关将研发计划委托给企业或民间研究机构,以推动其研发工作
	贸易管制	贸易管制主要是指政府有关进出口的各项管制措施。包括贸易协定、关税、货币调节等
	海外机构	对海外机构的支持是指政府直接或间接协助企业在海外设立研发和销售的分支机构

资料来源:Rothwell. R. Zegveld W., *Reindusdalization and Technology*, London:Logman Group, 1985, pp. 65-77;张雅娴,苏竣:《技术创新政策工具及其在我国软件产业中的应用》,《科研管理》2001年第4期。

Rothwell(1985)将复杂的创新政策体系从工具与措施角度进行了降维处理,具有显著的维度内聚合效度与维度间区分效度,同时又具备较强的目标针对性与内容指导性,因而在政策研究中得到广泛的应用(张雅娴,2001)。

整体而言,随着现代技术创新过程模型的应用与发展,创新政策越来越被界定为一个涵盖传统科学政策、技术政策以及创新政策的广义范畴(Lundvall,2006)。而针对创新政策的分类研究也体现了强调政策宏观特征(Bodas Freitas & Tunzelmann,2008)与政策工具措施(Rothwell,1985)的两种思路,前者更具备对政策设计的宏观导向价值,而后者更具备对政策设计的内容指导意义。

三、创新政策设计理念

徐大可与陈劲(2004)指出创新政策的设计理念基于两个重要的内容:政策目标与创新政策理论基础。政策目标指政策设计者对社会所需解决的技术创新问题的理解与认识;而创新政策理论基础是政策制定者对技术创新理论与技术创新过程模式的理解。由于各历史阶段所面临的政策目标以及理论发展水平存在不同,因此,创新政策的设计理念存在一个发展与演变的过程,对演变过程的梳理对开展创新政策研究与实践具有重要的指导价值(苏英,2000;Klochikhin,2012)。

现阶段,创新政策设计理念的演变通常被划分为以下四个阶段(苏英等,2006;Cantner & Pyka,2001):

第一阶段,创新政策起源于20世纪70年代,这一时期政策制定受新古典经济学派"企业—市场"二分逻辑影响,认为政府干预技术创新的目标在于解决技术创新过程中存在的"市场失灵"。Arrow(1962)指出由于创新存在公共产品、收益独占以及外部性的问题,这将导致基础研究投入严重不足的问题。因此,在新古典经济理论指导下,创新政策制定更多将企业技术创新过程看成是一个"黑箱",认为良好的市场机制会自动使这个黑箱的内部运行达到最优。因此,政府只需关注技术创新资源配置方面的"市场失灵"问题。该阶段主要的政策措施包括:依靠大学和国家实验室发展基础研究、通过国防的研发发展高技术以及不干涉基础研究成果的市场化等。

第二阶段,到20世纪80年代,新古典经济理论下"企业—市场"二分的政策设计理念日益体现其局限性。实践中,"黑箱"并不总能有效地发挥市场调节作用,进而导致科技成果并不总能实现有效的转化。在此问题背景下,新熊彼得学派理论获得了广泛的关注。该学派沿袭熊彼得对创新的观点:认为创新是一个连续不断的过程,而技术创新本身就是一个由科学、技术和市场三者相互作用构成的复杂过程。因此,政策制定者应重视对"黑箱"本身的剖析,重视对技术创新全过程的介入。该阶段相应的主要创新政策措施包括:鼓励企业采用重要的发明、改进技术创新扩散活动以及国外技术的引进与扩散等。

第三阶段,到了 20 世纪 90 年代,国家创新体系政策观成为创新政策设计的理论基础。国家创新体系是指"由公共部门和私营部门中各种机构组成的网络,这些机构活动和相互影响促进了新技术的开发、引进、改进和扩散"(Freeman,1991)。在国家创新体系中最可能存在的是"系统失灵"问题,即由于国家创新体系的系统结构存在缺陷,使知识扩散及技术创新资源配置的效率低下(徐大可和陈劲,2004)。正是由于这种"系统失灵"影响了一个国家的创新绩效,因此,政策设计的注意力应从注重"市场失灵"转向重视所谓的"系统失灵",即解决政府、企业、大学、科研机构等组织之间的结构网络间活动和相互作用的效率问题。其相应的主要政策措施包括:更注重创新的系统性,促进市场和政府的行为互为补充,使科学技术、研究开发与经济增长的联系更加紧密等。

第四阶段,21 世纪初以来,以美国为代表,各国进入全面提升国家创新能力阶段(苏英,2006)。该阶段创新政策整体体现以下特征:一方面,更加关注生态系统,将人类社会放置于生态大系统中来讨论合理的经济增长模式;另一方面,更加强调对知识经济的关注,强调以科学知识作为创新基石的系统构建。因此,可以看出该阶段的创新政策理念具有更为广泛的思想来源,包括人文、自然、伦理与经济等,也更加强调创新系统的演变、适应与进化能力。其中,比较具有代表性的是技术创新演化理论的出现。美国学者 Nelson(1993)将达尔文进化理论引入经济过程研究,用选择机制和优胜劣汰规则解释技术创新过程,进而提出所谓的"演化失灵"问题。Laranja(2008)进一步将"演化失灵"划分为学习失灵、认知障碍、锁定、功能失调、缺乏多样性等具体类别。虽然创新演化理论仍存在系统性和完整性的不足(Mytelka & Smith,2002),但它也为政策设计者提供了新的启发与要求:关注更为广泛的利益相关者群体、强调区域内知识与创新过程的匹配、强调政策制定者的积极作用等。

整体而言,创新政策设计理念的发展与演变可以汇总如表 2-2 所示。

表 2-2 创新政策设计理念的发展与演变

理论基础	代表人物	政策核心目标	核心理论假设	主要政策重点	主要政策工具
新古典经济学	Nelson；Arrow 等	市场失灵与激励问题	技术创新过程看成是一个"黑箱"	注重资源分配在市场失灵的部分,使之向社会收益最大方向发展	基础科研设施建设;专利制度;R&D 拨款等
新熊彼得学派	Freeman；Rosenberg	创新过程中的激励问题	技术创新是一个连续不断的线性过程	鼓励企业采用重要发明与创新;改进技术创新扩散活动;引进外国技术及其在国内的扩散	技术引进;技术扩散;专利制度等
国家创新体系	Lundvall；Nelson 等	系统失灵	创新网络内活动和相互影响决定创新绩效	促进市场经济和政府行为互为补充,使科学技术、研究开发与经济增长的联系更加紧密	合作研究计划;产学研促进政策等
演化理论	Nelson；纳尔逊与温特等	演化失灵	技术创新过程是一个选择机制与优胜劣汰规则	国家的产业政策与导向,支持新事物与产业,避免"锁定"	管制;制度标准等

资料来源:作者根据有关资料整理。

总而言之,创新政策设计理念主要源于政策设计者对政策目标与技术创新过程模式的理解。从历史角度看,创新政策设计理念是一个发展与演变的过程。整体演变过程表现为,由单一政策主体向多元主体协同、科学政策向创新政策、单一政策工具向综合政策工具以及关注行为向关注能力的发展趋势,这与现代技术创新过程模式的理论发展相互对应。针对我国创新政策的研究(刘凤朝等,2007)显示,我国创新政策设计理念已经从传统的计划经济理念过渡到更为现代的创新系统理念,更加关注创新过程效率问题、系统协同问题以及产业更广泛的"升级"。因此,我国创新政策制定者也应从现代技术创新过程模式出发、更加关注对技术创新过程中"系统失灵"与"演化失灵"问题的解决,更加强调技术创新过程中更广泛主体的参与、冲突、协同与激励,这也是本书的研究背景与理论前提。

四、创新政策作用机理与作用关系的研究

从整体角度看,现有创新政策作用机理的研究主要围绕三个主题展开:第一,"创新政策激励的主体是谁?"第二,"创新政策激励了主体的哪些属性?"第三,"创新政策对创新绩效的最终影响如何?"整体而言,呈现由创新政策到创新投入再到创新绩效的研究路径,独立或整合地开展三个主题的探索。

第一个主题从本质而言是研究对象的层面选择问题。针对这个问题,大部分将研究对象聚焦于企业层面。范柏乃等(2008)基于 SD 模拟方法,构建了财税激励政策对企业自主创新能力提高的动态反馈模型,进而提出了完善和强化我国财税政策的相关建议。李伟铭等(2008)通过广东地区中小企业样本的抽样调查,论证了技术创新政策作用于企业的创新行为,进而提升企业的创新绩效的机理过程。Eickelpasch(2005)针对德国创新政策的研究显示,德国的创新政策体系相对于传统的创新政策体系而言,更加强调构建企业间的竞争机制,这种"择优"(picking the winner)政策导向也更加强调在管理上的灵活性与有效性。另一部分学者,试图从国家或地区层面剖析创新政策的作用机理与作用绩效。Huang(2007)以台湾硅产品知识产权(SIP:silicon intellectual property)市场发展为研究对象,指出政府出台包括科学、科技与教育等一揽子政策组合(policy portfolios)对发展区域 SIP市场产业具有重要的影响。陈向东等(2004)针对我国 1985—2000 年间的151 项技术创新政策的政策效用的实证分析结果显示,我国技术创新政策整体发展正在从个体创新激励转向机制创新激励,但针对创新主体内在激励的政策数量相对较少,仍更多偏重于针对创新活动的外部激励和外部设施建设。张雅娴等(2001)论证了技术创新政策工具在我国软件产业中的应用,并针对国务院颁布的《鼓励软件产业和集成电路产业发展若干政策》具体分析了该政策组合中供给、环境与需求三个层面政策工具的种类和数

量,在此基础上提出了推动软件技术创新的相应政策建议。彭纪生等(2008)以 1978—2006 年间国家颁布的 423 项政策为研究对象,定量描述了 1978 年以来中国技术创新政策的演变轨迹,并进一步探讨了政府不同部门在技术创新目标取向上的政策协同对经济与技术绩效的影响。

第二个主题研究,主要集中于创新政策与创新绩效间中介变量的引入与验证。陈向东等(2004)指出创新政策通过激发企业创新思想产生和创新成果应用,继而提升企业的技术创新绩效。李伟铭等(2008)的研究显示,政府出台的技术创新政策通过企业资源投入与组织激励两条路径影响企业的创新绩效。匡小平等(2008)针对高新技术企业样本的研究显示,税收优惠政策通过作用于企业创新能力提高,进而提高企业的技术创新绩效。周业安等(2008)针对我国西部大开发的经验数据研究结果显示,区域综合性创新政策能够显著地提高地区的技术创新能力,而这种影响在很大程度上源于创新政策对地方人力资本培育的推动作用,FDI 对区域自主创新能力却起负向作用。Gebauer(2005)以德国 Landshut 地区为研究对象,分析了德国创新政策对区域内企业创新网络构建的影响,他指出相对于乡村地区,创新政策对大中型城市地区的影响更为显著与成功。Asheim(2007)指出创新政策的重点应放在区域创新优势的构建上,而这种优势的构建源于三种知识基础(knowledge base):特定的产业知识基础、全球性的知识分布网络(globally distributed knowledge networks)以及区域知识禀赋(competence bases)。Woolcock(2000)指出创新政策发挥作用的核心在于推动企业创新社会资本的构建,而社会资本概念是弥合理论界、企业界与政策设计者之间鸿沟的桥梁。赵兰香(1999)指出,我国作为发展中国家,技术学习过程存在不完整的现象,即依赖引进设备发展消费品业,缺少自我发展的创新能力,导致"引进、落后、再引进、再落后"。因此,应针对消费品工业和装备工业的不同产业层次,出台与产业中技术学习过程相对应的创新政策内容。

而针对第三个主题,现有研究成果为创新政策对创新绩效的正向激励假设提供了广泛支持。李伟铭(2008)对广东地区中小企业样本的实证调查显示,创新政策通过对企业自主创新行为的激励,提高了企业科技创新绩效,使企业真正成为科技创新的主体,并推动科技事业发展和加快科技成果转化。Hadjimanolis(2001)以塞浦路斯为例,研究了发展国家创新政策体系(National Innovation Policy)对于该国中小企业的意义。研究结果显示,构建有效的国家创新政策体系对于发展中国家而言至关重要,但对塞浦路斯私营制造业主样本的调查结果显示,企业主对塞浦路斯国家创新政策体系持有矛盾(ambivalent)的态度,即欢迎又抵触。进一步案例研究的结果揭示,塞浦路斯政府对西方国家创新政策的照搬照抄,导致该国创新政策存在政策目标不切实际、政策设计与评估效果不合理等客观问题,影响了区域创新政策的作用发挥。Busom(2000)基于西班牙企业样本的研究显示,R&D补贴政策整体上会激励私营企业的创新资源投入,但也可能存在对小部分企业样本(30%的参与样本)的挤出效应。彭纪生等(2008)通过政策计量与实证研究的方法,验证了创新政策协同与经济绩效间的关系,研究结果显示,创新政策协同对经济绩效的影响存在显著方向性差异,并不是协同越强越好。因此,在政府制定与实施创新政策过程中,需注意各种措施与目标的协同效应,尽量放大正向效应,同时尽量消除负向效应。吕明浩(2009)针对上海市高新技术产业样本,通过DEA(数据包络)方法分析了自主创新政策对科技产出的影响,研究结果显示,自主创新策对于技术进步指数与技术效率变化均有显著的正向影响,但其在各行业间的影响程度不一致,其可能的原因是行业间存在体制性科技资源(科技资源配置体制和管理体制)与实体性科技资源(人力、财力和物力)的结构差异。孔婕(2010)以我国深圳证券交易所中小企业板为样本,对我国创新政策绩效进行了评估。研究结论显示创新政策对企业创新绩效具有正向影响,但其影响并非均质:企业受惠政策时间越长,对创新活动及业绩的效果越显著;税收激励政策对三个产业的作用均显著;而科技投入政策对企业创新活动的支持最为显著。

总而言之,现有创新政策作用机理的研究呈现由创新政策到创新投入再到创新绩效的研究路径,独立或整合地开展三个主题的探索。其中,创新政策投入与企业创新资源投入间的关系研究又是创新政策机理研究的核心与关键。

第二节　创新政策的评价与测量

一、创新政策评价

创新政策评价是创新政策研究的重要内容,但整体并未形成具有共识的理论体系(赵莉晓,2014)。李杨等(2015)指出,创新政策评价是指对一个国家或地区的创新政策及其绩效进行分析与评价。刘会武等(2008)指出创新政策评价模式应具有哲学导向的分野:实证主义导向与后实证主义导向。其中,实证主义导向强调把事实和价值严格分开,主张用实证技术方法分辨政策目标规定与政策结果之间的对应关系,进而验证性地确定政策的实际效果;后实证主义强调事实和价值的结合,认为政策评价首先弄清政策的价值问题、弄清政策的正当性、公道性和社会性等问题,然后再去评价政策效果。刘会武等还认为由于实证主义强调事实与价值分离的价值取向容易产生对现实世界的误解和歪曲,因此,政策评价需要考虑已有的目标导向,即后实证主义导向。赵莉晓(2014)从完整性角度,提出"公共政策评价是通过选择科学的评估标准和评估方法,对政策系统及政策过程进行综合的、全方位的考察、分析并给予评价、判断和总结的功能活动,其目的是为调整、优化政策措施,提高政策执行质量,判断未来政策走势等提供决策参考和依据"的概念定义。综上所述,本书认为创新政策评价是指对一个国家或地区创新政策的综合性分析与评价,评价标准应具有经济性与目标性的双重属性,评价结果为政策执行质量与政策优化创新提供参考与依据。

政策评价标准是政策评价最核心的内容,包括评价阶段标准、评价内容标准以及评价量化标准等相应内容。赵莉晓(2014)广泛综合现有研究成果,建立了一个全过程的评估标准框架,见表2-3。

表 2-3　公共政策全过程评估的阶段评估标准框架

政策过程	评估标准		备注
	共性标准	个性标准	
政策制定	科学性；公平公正性；可操作性	适当性（合理性）	政策目标设置是否合理
		可行性	政策内容可行性（与其他相关政策是否冲突，与国情、政策目标是否协调）；政策实施的可行性（包括技术可行性、政治可行性、经济和财政可行性、行政可操作性）
		投入工作量	为保障政策执行投入的财力、物力、人力等
政策执行		执行力	考察执行机构、人员、执行工作机制等
		回应度	考察政策目标群体对政策执行的反映和反馈
		充足性	考察政策是否得以充分执行
政策效果		影响力	考察社会公众对政策的认知程度，以及政策对社会造成的影响
		效果（绩效）	考察政策目标的实现程度；政策目标群体的满意度；政策带来的其他影响等
		效率	对政策投入与产出比进行分析和评价

资料来源：赵莉晓：《创新政策评估理论方法研究——基于公共政策评估逻辑框架的视角》，《科学学研究》2014 年第 2 期。

　　赵莉晓按照"政策制定——政策执行——政策效果"的政策过程，将政策评价分为三个阶段、四个评价标准模式：创新政策执行评价标准、创新政策执行评价标准、创新政策效果评价标准以及创新政策全过程评价标准。

　　大量学者根据自身研究目的，围绕各阶段与评价模型进行了广泛的研究。盛亚等（2013）从内容和力度两方面，收集、比较浙、粤、苏、京、沪五省（市）创新政策的差异和特色，研究认为各地创新政策制定充分结合了当地战略优势与资源禀赋，有利于促进区域创新经济的协调发展。刘凤朝等（2007）以 289 项创新政策为样本，从政策效力与类别两方面出发，分析1980—2005 年中国创新政策历史演变路径。研究发现，我国创新政策历经从"科技政策"单项推进向"科技政策"和"经济政策"协同转变，从"政府导向"向"政府导向"与"市场调节"协同转变，从单项政策向政策组合转变的发展趋势,与我国经济发展与转型阶段高度符合。李靖华(2014)从政策协同的角度探讨我国流通产业创新政策的内部协同情况(措施间、目标间、措施和目标间),研究发现,创新制度环境优化、创新市场环境优化、创新技术环境优化及流通主体培育四目标间的两两协同度总体都趋于上升;代表政策措施对目标支持程度的政策措施与目标的协同度,呈现明显的阶段性且趋于优化。以上研究均从具体目标政策集(簇)出发,分析政策制定环节中政策体系的科学性、合理性与可操作性,取得了积极的成果。

苏靖(2012)认为政策的制定和实施应是一个有机结合的整体,因此,政策实施环节是政策评价的关键,具体评价内容应包括政府、社会与市场三边互动水平与政策资源配套程度等方面。亓梦佳(2014)以泉州市民营中小企业为研究对象,验证了执行主体、执行客体、执行资源和执行环境影响政策执行力的研究假设,进而提出面向中小企业的创新政策执行力评价模型。冯毅梅等(2015)认为地方政府"经济人"偏好、执行者"有限理性"以及执行过程中的"信息不对称"是影响政策执行效果的主要困境,因此,对创新政策执行的评价标准是对上述三个困境的克服程度,同时也应充分考虑到体制环境与外部环境对执行过程的影响。部分学者(李梓涵昕等,2015;李凡等,2015)从国际创新政策比较分析视角出发,评价各国创新政策执行的策略、工具与效果。李梓涵昕等(2015)从中央与地方在政策决策的集中程度、中央与智囊协作程度以及地方政府政策配套程度等方面横向比较了中韩两国创新政策执行状况,研究结果显示,中韩两国技术创新政策执行方面呈现地方化的趋势,但是我国地方执行趋势较为缓慢;韩国技术创新政策逐渐开始关注企业吸收能力和适应能力的发展,以及参与技术创新主体之间的互补作用,技术创新政策呈现出去财政化的趋势。以上研究从政策研究执行维度出发,讨论了影响政策执行效率的关键因素与指标体系,强调了政策执行过程中政府(多级)、企业与服务机构间的协作互动关系以及政策配套与资源配给对政策执行效率进行有效的评估。

范云鹏(2016)基于对山西省煤炭、纺织、制药、钢铁、食品五个行业实地调查,运用回归与结构方程模型对具体创新政策影响产业绩效进行假设检验。研究结果显示,创新政策中的供给政策、需求政策、环境政策均对企业的创新动机和创新行为有着显著的影响。具体而言,具体创新政策对企业创新行为有直接的正向激励作用,且创新动机作为中介变量在创新政策与创新行为之间产生部分间接影响。洪进(2015)在针对我国航空航天器制造业研究中,以航空航天产业新产品产值作为技术创新绩效测量指标,研究创新政策和企业技术战略以及二者之间的协作情况对我国航空航天产业创新绩效的影响。结果表明,我国航空航天产业的技术创新绩效受到国家技术政策与企业技术战略的双重影响;且创新绩效的实现更多依赖于国内技术的提升;国家技术政策与致力于自主创新的技术领先战略关联更加密切。池仁勇(2004)等利用数据包络分析方法来分析中国区域技术创新效率,采用了 3 个投入变量与 5 个产出(创新绩效)变量,投入变量有 R&D 经费、R&D 人员和工业总资产,创新绩效变量分别为区域产品出口额、新产品产值、名优产品指数、全员劳动生产率和高新技术产业增加值。王勤(2017)基于池仁勇的研究框架,采用主成分分析法选取绩效指标,并以 A 省科技创新强省政策为例进行政策绩效评价,进而从顶层设计、职能转变、项目管理、财务管理、制度完善等方面提出科技创新强省政策改革发展的相关建议。还有部分学者从专项政策视角出发,开展创新政策绩效评价研究。郑春美(2015)以创业板 331 家上市高新技术企业为研究样本,实证分析了政府财政激励政策对中小型高新技术企业创新绩效的影响,研究发现,政府补助对企业创新有显著激励作用,但也存在对创新投入的挤占效应。上述研究假设区域(企业)创新绩效是检验创新政策科学性的最重要指标,以创新绩效科学测量为基础,探索具体创新政策与创新绩效表现间的线性或非线性关系,取得了丰富的研究成果。

二、创新政策测量

创新政策测量是开展创新政策评价的基础。综合大量学者(Rothwell,1998;张雅娴等,2001;刘朝凤,2007;盛亚等,2016)的研究成果,本书提出了现阶段创新政策测量思路的主要模式分类,见图 2-2。

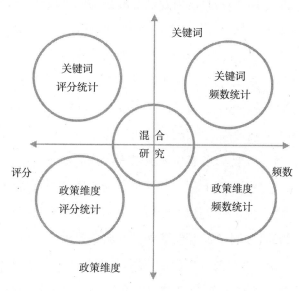

图2-2　政策评价对象与方法双维度区分框架

　　整体而言,现有研究围绕两个基本主线开展:测量对象与测量方法。测量对象包括关键词和政策维度两种类型,前者通过文本分析方法,甄别、评价与统计政策文本中的关键词,进而量化描述政策样本的特征、结构与趋势;后者通过相关分类逻辑,对政策实行降维与归类处理,甄别、评价与统计各分政策维度下的表现,进而量化描述政策样本的特征、结构与趋势。另一条主线为测量方法主线,分为频数法和评分法两类。频数法是通过对文本分析后的关键词或政策维度进行客观、简单的频数统计与比较,进而描述政策样本的特征、结构与趋势;而评分法是通过专家对政策关键词、政策维度内涵进行主观评价、归类,再进一步通过频数、聚类或降维等统计方法完成量化操作,这种方法能够更为深入、有效地描述政策簇内部在范畴、程度以及协同方面的关系,能够更完整地描述政策样本,具有更广泛的应用范围。最后,研究实践中最常用的方法为混合研究,即通过交叉、混合使用四类分析方法,达到全面、深入量化政策的目的。

　　具体而言,对创新政策测量对象界定主要集中于以下两类:政策关键词频数统计方法与政策维度数量统计方法。刘朝凤(2007)指出,政策关键词频数统计方法指通过对政策文本的文本分析,统计政策文本中关键词的频数,进而测量与描述政策目的、重点与趋势等。关键词频数统计方法具有简便性、高效性以及解构政策内容文本的优势,但其存在忽略政策间不同类型和不同效力等级差异的不足。而政策维度数量统计方法是首先界定政策的维度分类,即将具体政策条目按照目标、层级或工具等范畴进行归类,进而统计政策中各维度下创新政策条目的分布情况,某一维度出台的政策数量越多,即认为政策在(目标)维度上的效用越强。最终,根据各维度分布状况描述政策目的、重点与趋势等。刘朝凤认为,政策维度数量统计方法能够更全面、客观地剖析创新政策,因此能够更有效地反映创新政策的结构、趋势与演变等,但缺点是结构复杂、工作量大,一定程度上忽视了某一维度内具体政策间的差异。

王春梅(2014)以南京市 2003—2013 年十年间的 132 项创新政策为样本,提取出南京市创新政策的高频词,生成南京市创新政策的社会网络分析图,研究发现南京市的创新政策可分为科技人才政策网络、产业政策网络和创新创业政策网络三大类,其中科技人才政策是南京市创新政策的核心,产业政策的重点是推进软件业的发展,创新创业类政策是最具南京特色的制度创新。彭辉(2017)研究检索了 1980—2015 年中央政府和上海市地方政府出台的科技创新政策 217 份,共得到 187 个关键词,通过对关键词交叉列联表处理,进而通过社会网络分析软件生成关键词共现的可视化图形。研究结果显示,知识产权、科技人才、技术开发、技术转化、技术合同、技术引进、科技进步等是上海地区创新政策的核心命题,结合各边缘化关键词分布,得出科技立法领域的多元化研究发展趋势。王巧(2016)利用 BICOMB书目共线系统对从 979 篇文献提取的 5411 个关键词进行关键词共词分析,对我国现有创新政策研究在研究范围界定、研究深度与广度等领域进行了描述。整体而言,关键词频数统计方法因其存在政策研究简化的局限性,并未成为政策量化研究的主流方法。李杨等(2015)通过对欧盟"OECD 科学技术和工业记分牌"工具的分析,指出计分牌通过对创新多维度范畴的界定,统计分析了欧盟各国促进创新的政策变化趋势,包括直接投资政策、税收优惠政策、促进知识转移政策以及创新国际化趋势等。张雅娴(2001)基于 Rothwell 的政策三分模型,对我国《鼓励软件产业和集成电路产业发展若干政策》在三个层面政策工具的种类和数量进行了频数统计,对我国促进软件产业发展的创新政策进行了实证分析。以上研究均是政策维度数量统计方法的典型应用,对于描述与分析当期政策格局与政策发展趋势均取得了重要的成果。

事实上,政策关键词频数统计方法与政策维度数量统计方法并非泾渭分明的两种政策测量路径,现实研究更多采取混合研究的方法。以张炜(2016)的研究为例,他以 2001—2013 年江苏省、浙江省、上海市颁布的地方性创新政策文件为样本,运用政策文本分析法编制了创新政策量化手册,对各级创新政策进行典型分类和量化赋值。在研究中,张炜采取了政策维度统计与政策文本分析并行的分析逻辑,即从供给导向、需求导向和环境支持导向三类创新政策出发,测量各类创新政策中的政策强度、政策协同度与政策完善度,更加深入、立体地剖析了政策研究样本。另如,盛亚等(2014)开发了一套针对创新政策中利益相关者分析的政策量化方法与工具,以京、沪、浙、粤与苏五地区域创新政策为样本开展了量化分析。在具体研究中,盛亚等对政策研究样本按照供给政策、需求政策和环境政策进行分类归并,进而通过政策文本分析对政策中利益相关者的角色、"利益—权力"表现以及"利益—权力"结构进行量化处理。

混合方法研究的基础是对政策区分维度的界定,大量学者在这个领域做了丰富的探索。前文所探讨的 Rothwell(1985)供给政策、需求政策以及环境政策三分维度模型是该领域的经典研究成果,不予赘述。Freitas 和 Tunzelmann(2008)运用主成分分析法验证了知识目标的类型、政策执行、政策工具是评估不同国家创新政策的关键维度。刘会武(2008)等对评价主体、评价客体以及相互间关系进行界定分析后,提出了面向创新政策测量的三维分析框架。具体而言,模型由评价目的、时间刻度以及创新活动类型三维度沟通,而各维度下有具体的分类标准,通过对具体政策样本的三维界定,进而构成创新政策评价的立体测量模型。龚勤林等(2015)从创新活动主体、创新活动阶段、创新政策工具三个维度,提出了新的区域创新政策体系分析框架。具体而言,创新活动主题包括科研机构(高校)、企业、中介服务机构三类;创新政策工具包括供给型、导向型和环境型三类;创新活动阶段包括基础研发、产业化与推广服务三类,各维度、类别共同构成 3×3×3 的政策分类立方体。龚勤林进一步应用该政策分类模型,对成都市"1+10"创新政策体系中政策条款进行分类、量化分析,统计政策在各政策分类中的分布频数,测量与评价该政策体系的现状与特点。

第三节　利益相关者研究综述——规范、工具与描述的视角

利益相关者作为一个明确的概念是在 1963 年由斯坦福研究院提出的,并体现在包括系统思考、企业计划等理论研究中。但由于研究的局限性,利益相关者理论在相当长的时间内沦为所谓的"侍女理论",即通常成为其他理论发展的支撑而缺乏自我理论的发展(Galaskiewicz, 1996)。直到Freeman 在 1984 年出版其经典之作《战略管理——利益相关者方法》后,企业利益相关者理论才被整合到一个清晰的系统框架中,并成为主流经济理论之一。

在 Freeman 的标志性著作出版后 10 年,利益相关者研究获得了快速的发展(Donaldson, 1995),但同时也面临尖锐的批评,这些批评主要集中在利益相关者理论的概念泛化与成果混乱等方面(Donaldson, 1995;Stoney,2001)。针对这个问题,Donaldson(1995)将利益相关者研究进行了系统的梳理与归类,将利益相关者的研究划分为规范性(normative)研究、工具性(instrumental)研究和描述性(descriptive)研究三类,他指出以往利益相关者概念与研究上的混乱往往源于三种不同类型研究的混淆。在 Donaldson 的划分结构中,规范性研究关注的是企业利益相关者管理在道德和伦理上的合理性,即"企业为什么要考虑利益相关者的问题";描述性研究旨在说明企业利益相关者管理实际上是如何行动的,其研究重点是对利益相关者概

念的界定与利益分析,即"企业利益相关者到底有哪些? 他们和企业之间存在什么利益关系?";而工具性研究旨在说明"企业与利益相关者间的关系将产生什么样的结果? 企业应采取何种利益相关者管理机制来增进企业的绩效?"。三类研究之间的层次与关系描绘如图2-3所示。

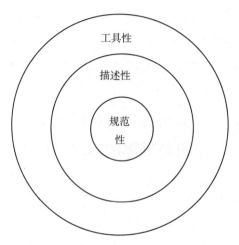

图2-3 利益相关者研究的三分结构框架

资料来源:Donaldson Thomas,Preston Lee,E.,"The Stakeholder Theory of the Corporation:Concepts,Evidence,and Implications",*Academy of Management Review*,Vol.20,No.1(1995),pp.65-91.

整体而言,一方面,Donaldson 的三分框架为利益相关者研究提供了一个相对完整、清晰的分类结构,三者层次鲜明、逻辑递进并互为前提。通过这个分类框架,利益相关者研究者对其研究就有了一个清晰的理论分层界定,这对以后利益相关者研究产生了深远的影响(林曦,2010);另一方面,Donaldson 分类框架也为开展特征领域下的利益相关者研究提供了一个系统性、结构性与完备性的研究框架,即一个完整的利益相关者研究应包括规范、描述与工具三个层面的研究内容,而三者在逻辑上具有内在的一致性与层次性。

虽然 Donaldson 分类框架提出后,在利益相关者研究中获得广泛的认可与应用。但梳理现有文献后发现,现有对该框架的应用更多集中于对"具体研究清晰的理论分层界定"领域(林曦,2010),整体缺乏从分类框架本身出发,对既有利益相关者研究成果系统梳理而形成的文献综述成果。

本研究从这个研究局限出发,采用 Donaldson 的三分框架对现有主流利益相关者研究成果进行的梳理与归类,一定程度上弥补了现有利益相关者研究在文献综述方面存在的空白与不足,同时也为本研究提供了结构完备的概念框架与文献支持。

一、利益相关者规范性研究

Donaldson(1995)指出规范性研究从利益相关者理论萌芽之时便已出现,它关注的焦点是"企业为什么要关注利益相关者?"这个问题。而对这个问题的理解,贯彻于现代企业理论发展的整个过程。

一般认为,现代主流企业理论是对新古典经济学的范式不满中发展起来的(张维迎,1999)。张维迎(1999)将主流企业理论细分成三个学派:交易费用理论、代理理论与企业的企业家理论。交易费用理论关注的重点在于企业与市场的关系;代理理论关注企业内部的组织结构与企业中的代理关系;而企业的企业家理论将企业看作一种人格化的装置,研究企业家以及企业家精神对企业的重要作用。虽然主流企业理论的三大研究学派在研究视角与研究主题上存在不同,但整体上均具有较一致的逻辑起点,即"股东至上"的企业观(杨瑞龙,2000;林曦,2010)。科斯(Coase,1937)从契约论角度出发,认为企业本质上是一系列契约的组合,其存在目的是节约交易成本。虽然,他没有明确主张或试图证明"股东至上"这个先验假设,但其开发或发展的分析工具被广泛地用于证明新古典理论关于企业"股东至上"先验假设的正确性(刘美玉,2007;2010)。格罗斯曼和哈特(Grossman & Hart,1986)以及哈特(Hart,1995)从资产专用性以及不完全契约角度出发,论证由于存在交易成本和合约不完备性,必须有人拥有"剩余控制权",以便在合约规定外的或然时间出现时承担责任。他们还进一步论证了"剩余控制权"天然归于非人力资本所有者的论断。阿尔钦(Alchian,1972)提出的团队生产理论指出,由于生产的团队组织形式,而每个成员的边际产出难以计量,因此需要引入外在的监督者,以避免可能出现的"搭便车"问题。张维迎(1995)进一步论证认为,由于存在经营能力差异,赋予行动最难监督的负责经营的成员剩余索取权,能够有效地解决合作生产中产生的道德风险和逆向选择问题。由于财产可以最能有效地显示参与者的经营能力,因此选择资本提供者为经营者最有效率。总而言之,主流企业理论认为:有效的安排就是使企业剩余索取权和剩余控制权集中对称分布于物质资本所有者,在现实中就表现为推崇"资本雇佣劳动"和"股东至上"的单边治理结构安排(杨瑞龙和周业安,1998a,1998b)。

进入 20 世纪 80 年代后,主流企业理论受到了来自理论与实践的双重冲击。在实践领域,"股东至上"的企业观面临管理实践中的悖论,如企业违反商业道德与敌意并购行为的频繁发生、公众对企业"社会责任"的关注以及日德"反向经验"的成功等(江若玫等,2009),这带来了理论界对"股东至上"企业观的质疑。杨瑞龙等(2000,2005)对主流"资本雇佣劳动""股东至上"等命题进行了系统的批判。首先,他们针对主观风险偏好差异说指出资本家可以通过分散组合等资产行为来降低自身风险;其次,他们认为团队理论所建立在的"监督效果—监督努力之间呈线性函数"前提假设并不符合实践事实,同时将经理在企业管理的作用仅仅理解为"监工"更是有失偏颇;再次,资产专用性学说中过分强调非人力资本作用,也越来越难以与现代知识经济的现实相吻合;最后,针对不完全契约下的讨价还价能力差别说,现实管理实践证明物质资本对人力资本的谈判优势并不是绝对和无法逆转的。事实上,工人可以通过工会组织大幅提高谈判能力,而知识经济背景下,拥有知识的人力资本越来越替代物质资本成为稀缺资源。因此,他们指出主流企业理论本质上是"企业家的企业理论",它的出现与古典企业时代物质资本稀缺从而要求企业控制权的事实是相符的,但是随着知识经济的发展,这种理论所依据的根基已经发生了动摇。

利益相关者理论正是针对主流企业理论的"股东至上""资本雇佣劳动"前提的不满发展起来的,其理论基础为契约理论和产权理论,具有讽刺意义的是,这两者一直都被认为是"股东至上"理论的最坚实的思想基础(林曦,2010)。其规范性问题的研究是围绕"企业是归谁所有"与"企业经营的目标是什么"两个命题展开的。

首先,"企业归谁所有"这个问题的核心是企业产权的概念与归属。早期经济学文献以"剩余索取权"来定义企业所有权,即企业扣除所有固定的合同支付后的余额要求权。一方面,由于剩余是不确定的、没有保证的,因此企业的"剩余索取权"应属于企业经营的风险承担者;另一方面,由于不完全契约的存在,所有企业契约参与者都得到固定的合同收入是不可能的,因此产生了"剩余控制权"概念,即契约中没有特别规定的活动的权力(Grossman & Hart,1986;Hart,1995)。"剩余索取权"和"剩余控制权"共同构成了现代一般意义上的企业所有权。主流企业理论认为股东向公司投入物质资本,承担了企业经营的风险,理应享有企业的"剩余控制权"与"剩余索取权",即拥有企业的所有权。但支持利益相关者理论的学者对此提出了尖锐的批评:Blair(1995,1999)指出股东并没有像主流企业理论学者那样所假定的承担全部风险,而其他参与者也没有像假定的脱离风险。他指出股东可以通过证券组合方式来降低风险,从而降低密切关心公司生产经营的动力。公司雇员、供应商、债权人等利益相关者提供的不是物质资本,而是一种特殊的人力资本,对企业进行了专有性投资,也承担失业、供货关系中断与债务损失等经营风险,因此也应享有企业的剩余控制权与剩余索取权。杨瑞龙与周业安(2000)指出企业契约主体多元化是现代产权内涵的逻辑延伸,这些相互关联的主体便组成了"利益相关者",包括股东、债权人、经理、生产者、用户及其他利益主体,他们共同拥有企业所有权。周其仁(1996)根据"人力资本与其所有者不可分离"假设论证了"人力资本和非人力资本分享企业所有权"的命题。张同全(2003)从人力资本产权概念出发,进一步指出人力资本对企业所有权的拥有实际上是人力资本产权的收益权的表现。因此,公司不是简单的实物资产的集合物,而是一种"治理和管理着专业化投资的制度安排"(Blair,1999)。

针对主流企业理论所秉持的"企业目标在于追求所有者(股东)利益最大化"的观点,即弗里德曼(Friedman,1962)所指出的"企业目标是在遵守开放自由竞争,杜绝诡计和欺诈的游戏规则下,使用自身资源开展提升企业利润的活动"。Freeman(2010)指出弗里德曼的论断忽略了"什么使得企业

成功?"这个关键的命题。Freeman(2010)指出:

> 公司需拥有顾客需要的卓越产品和服务,使公司运营处于行业前沿的稳固供应商关系,激励支撑着公司使命并使公司变得更好的员工以及赞助支撑公司繁荣的社区。

也就是说,利益相关者理论所关心的是价值创造和价值交易问题。从利益相关者视角看,企业可以被理解成与构成企业活动利害关系的团体的一系列关系,是关于消费者、供应商、员工、投资者、社区和管理者如何互动和创造价值的过程。因此,企业的目标就是为利益相关者尽可能地创造价值,而且这种价值创造并不靠在各利益相关者间进行取舍来实现(Freeman,2010)。部分学者从企业利益相关者治理水平与企业绩效关系角度入手,从实证角度验证了企业关注利益相关者的合理性问题。纪建悦等(2009)对中国上市公司数据进行了实证分析,研究结果显示利益相关者满足与企业财务绩效之间存在着显著的相关性。威勒(2002)指出将利益相关者纳入、考虑社会利益的企业在经营绩效上要比奉行"股东至上"主义的企业更胜一筹。盛亚(2008)基于144个企业样本的实证研究结果显示,利益相关者的权力与利益满足程度和技术创新绩效之间呈现正相关关系。

总而言之,利益相关者理论源于对传统主流理论的批判,提出了企业所有权应属于企业利益相关者这个基本命题,批判了传统主流企业理论所秉持的"企业所有权天然属于物质资本所有者"这一经典的命题。随着知识经济、信息经济的兴起,非物质资本在企业中发挥愈发重要的地位与作用,利益相关者的规范性问题已经获得了学术界广泛的认可与支持(Freeman,2010;林曦,2010)。

二、利益相关者描述性研究

Donaldson指出描述性研究关注"谁是利益相关者"以及"利益相关者可以观察到的赌注是什么"的问题,即界定企业存在哪些利益相关者以及界定与度量各利益相关者间的异质性。Rowley(1997)进一步指出利益相关者理论的发展取决于两个问题:利益相关者概念的定义与利益相关者的划分,他进一步地阐述了利益相关者描述研究的具体内容是:"如何识别谁是公司的利益相关者""他们在公司中的赌注是什么"以及"他们会产生什么样的影响"。

事实上,自从 20 世纪 60 年代利益相关者思想萌芽以来,利益相关者界定与甄别的问题一直是困扰学术界的难题,众多学者从各自研究的视角出发,提出了不同的回答,至今"没有一个得到普遍的赞同"(Donaldson, 1995)。Mitchell(1997)总结了 20 世纪 60 年代至 90 年代中后期,西方学者给出的具有代表性的利益相关者定义共 27 种,详见表 2-4。

表 2-4　代表性的利益相关者定义

提出者	利益相关者的定义
斯坦福大学(1963)	利益相关者是这样一些团体,没有其支持,组织就不可能生存
Rhenman(1964)	利益相关者依靠企业来实现其个人目标,而企业也依靠他们来维持生存
Aglstedt & Jahnukainen(1971)	利益相关者是一个企业的参与者,他们被自己的利益和目标所驱使,因此必须依靠企业;而企业为了生存,也必须依赖利益相关者
Freeman(1983)	广义的:利益相关者能够影响一个组织目标的实现,或者他们自身受到一个组织实现其目标过程的影响 狭义的:利益相关者是那些组织为了实现其目标必须依赖的人
Freeman(1984)	利益相关者是能够影响一个组织目标的实现,或者受到一个组织实现其目标过程影响的人
Freeman & Gilbert(1987)	利益相关者是能够影响一个企业,或者受到一个企业影响的人
Cornell & Shapiro(1987)	利益相关者是那些与企业有契约关系的要求权人
Evan & Freeman(1988)	利益相关者是在企业中"下了一笔赌注",或者对企业有要求权的人
Evan & Freeman(1988)	利益相关者是这样一些人:他们因为公司活动而受益或受损;他们因为公司活动而受到侵犯或受到尊重
Bowie(1988)	没有他们的支持,组织将无法生存
Alkhafaji(1989)	利益相关者是那些企业对其负有责任的人
Carroll(1989)	利益相关者是公司在企业中下了一种或多种赌注的人。他们能够以所有权或法律的名义对企业资产或财产行使收益和(法律或道德的)权力

续表

提出者	利益相关者的定义
Freeman&Evan(1990)	利益相关者是与企业有契约关系的人
Thompson etc.(1991)	利益相关者是与某个组织有关系的人
Savage etc.(1991)	利益相关者的利益受组织活动的影响……并且他们也有能力影响组织的活动
Hill&Jones(1992)	利益相关者是那些对企业有合法要求权的团体,他们通过一个交换关系而建立其联系,即他们向企业提供关键资源,以换取个人利益目标的满足
Brenner(1993)	利益相关者与某个组织有着一些合法的、不平凡的关系,如交易关系、行为影响及道德责任
Carroll(1993)	利益相关者在企业投入一种或多种形式的"赌注",他们也许影响企业的活动,或受到企业活动的影响
Freeman(1994)	利益相关者是联合价值创造的人为过程的参与者
Wicks etc.(1994)	利益相关者与企业相关联,并赋予企业一定的含义
Langtry(1994)	利益相关者对企业拥有道德的或法律的要求权,企业对利益相关者的福利承担明显的责任
Starik(1994)	利益相关者可能或正在向企业投入真实的"赌注",他们会受到企业活动明显或潜在的影响,也可以明显或潜在地影响企业活动
Clarkson(1994)	利益相关者已经在企业中投入了一些实物资本、人力资本、财务资本或一些有价值的东西,并由此而承担了某些形式的风险,或者说,他们因企业活动而承担风险
Nasi(1995)	利益相关者施与企业有联系的人,他们使企业运营成为可能
Brenner(1995)	利益相关者能够影响企业,又受到企业活动的影响
Donaldson&Preston(1995)	利益相关者是那些在公司活动的过程中及活动本身有合法利益的个人和团体

资料来源:Mitchell Ronald,K.,Agle Bradley,R.,Wood Donna,J.,"Toward a Theory of Stakeholder Identification and Salience:Defining the Principle of Who and What Really Counts",*Academy of Management Review*,Vol.22,No.4(1997),pp.853-886.;盛亚:《企业技术创新管理:利益相关者方法》,光明日报出版社2009年版。

上述概念界定中,以 Freeman(1984)的定义最具有经典性,他指出"利益相关者是能够影响一个组织目标的实现,或者受到一个组织实现其目标过程影响的人"。Freeman 首次将受到企业目标达成过程影响所采取行动的个体或群体纳入利益相关者体系,正式将社区、政府、环保组织等实体纳入利益相关者管理的研究范畴,大大地扩展了利益相关者的内涵,成为研究者应用频率最高的一种定义(林曦,2010),见图2-4。

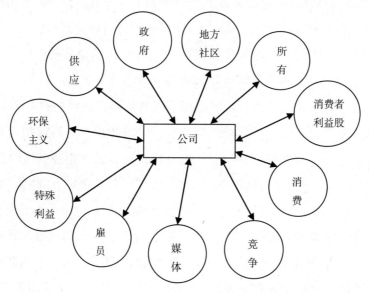

图 2-4　Freeman 的利益相关者图谱

资料来源: Freeman, R. E., *Strategic Management: A Stakeholder Approach*, Cambridge: Cambridge University Press, 1984.

但可以看出以 Freeman 定义为代表的上述概念界定,多数从依存结构与影响关系上开展利益相关者的概念界定,存在"宽泛"的嫌疑,体现了"广义"利益相关者的概念界定思路。而 Wheeler(1998)将社会维度引入利益相关者的概念界定中,进一步将利益相关者扩展到自然界与社会文化领域,把"广义"利益相关者的范畴推向了一个更高的高度。但从实践角度看,广义的利益相关者概念界定,可能会给利益相关者识别与管理过程中带来一定的混乱,这也成为利益相关者理论遭受批评的重要方面(Donaldson,1995)。

针对这个问题,部分学者(Cornell & Shapiro, 1987;李苹莉,2001)尝试从"狭义"角度入手来界定利益相关者,认为利益相关者是那些与企业有契约关系的要求权人。Hill 和 Jones(1992)从资源依赖角度出发,将利益相关者界定为为企业提供关键性资产,以换取个人利益目标满足的群体与个人。

更多的学者从"赌注(stake)"角度出发界定利益相关者,他们认为利益相关者应该是那些在企业中下了"赌注"从而具有相应权利的个人或团体。Carroll(1979)指出,利益相关者是公司中下了一种或多种"赌注"的人,他们能够以所有权或法律的名义对公司资产或财产行使收益和权力。贾生华与陈宏辉(2002)运用规范与实证相结合的方法,从活动关联性与投资专用性两个角度将利益相关者界定为,那些在企业中进行了一定的专有性投资,并承担了一定风险的个体与群体,其活动能够影响企业目标的实现,或者受到企业实现其目标过程的影响。刘美玉(2010)指出企业利益相关者的界定应具有企业活动关联性、契约性、专有性投资以及承担经营风险四个特点。整体而言,这些学者试图将利益相关者界定在一个更为"狭义"的范围内,以适应利益相关者理论发展与管理实践的要求,取得了广泛的成果。

在界定企业利益相关者概念之后,研究者还需要对利益相关者进行区分与归类。由于各类利益相关者在企业经营与发展中存在角色与影响的异质性,因此,简单将利益相关者作为一个整体来进行研究与应用推广,无法得出令人信服的结论(Donaldson,1995)。正如,托马斯等(2001)在《有约束力的关系》书中指出:

> 列出一个大企业的每一个可能有资格作为利益相关者的人,造成的结果往往是把具有极不相同的要求和目标的相互交接的群体混在一起。

因此,对利益相关者进行异质性区分与归类,首要与关键是需要构建统一的、可度量比较的异质性界定模型。Freeman(1984)从所有权、经济依赖性和社会利益三个维度对利益相关者进行了基本分类。Freeman认为企业拥有所有权的利益相关者包括持有公司股票的董事、经理人员与其他股东,与企业在经济上有依赖关系的利益相关者包括领取薪酬的经理人员、债权人、内部服务机构、雇员、消费者、供应商、竞争对手、地方社区、管理机构等;与企业在社会利益上有关系的利益相关者包括特殊群体、政府领导人和媒体等。Frederick(1992)按照利益相关者对企业决策施加影响的程度将其划分为直接利益相关者和间接利益相关者,其界定标准是利益相关者与企业间交易关系的性质。前者主要包括与企业直接发生市场交易关系的利益相关者,股东、员工、债权人、供应商、零售商、消费者和竞争对手等;后者主要是与企业发生非市场交易关系的利益相关者,如中央政府、地方政府、外国政府、社团、媒体、社区等。Carroll(1979)从利益相关者对企业经营的重要程度划分,将利益相关者区分为核心利益相关者、战略利益相关者和环境利益相关者。核心利益相关者是指对企业存在生死攸关的人或团体,而环境利益相关者则涵括了企业所面临的外部环境。

　　针对以往利益相关者分类方法存在可操作性差、静态化的缺陷,Mitchell(1997)提出了利益相关者的三维评分模型,该模型把对利益相关者的界定与归类结合起来,受到了学术界和企业界的普遍推崇,成为利益相关者分类中最常用的分类方法。Mitchell 从三个维度出发,即影响力(Power)、合法性(Legitimacy)和紧迫性(Urgency),从利益相关者与企业间的关系角度构建了利益相关者异质性的界定与归类标准。在 Mitchell 的模型中,影响力指某利益相关者群体是否拥有企业决策的地位、能力和相应的手段;合法性指某利益相关者群体是否被赋予法律意义上或者特定的对企业的索取权;紧迫性指某利益相关者群体的要求是否能够立即引起企业高层的关注。

　　Mitchell 通过利益相关者在三个维度的体现程度,把利益相关者分为不同类型,如图 2-5。

　　(1)确定型利益相关者[①]。这类利益相关者同时拥有合法性、影响力和紧迫性三个属性,典型的确定型利益相关者包括股东、雇员和顾客。

　　(2)预期型利益相关者。这类利益相关者拥有上述三项属性的两项,他们与企业保持较紧密的联系。具体又可以细分为:支配性[②](拥有影响力和合法性)、依赖性[③](拥有合法性与紧迫性)以及危险性[④](拥有影响力与

---

① 图 2-5 中数字 7 所标示的利益相关者群体。
② 图 2-5 中数字 4 所标示的利益相关者群体。
③ 图 2-5 中数字 5 所标示的利益相关者群体。
④ 图 2-5 中数字 6 所标示的利益相关者群体。

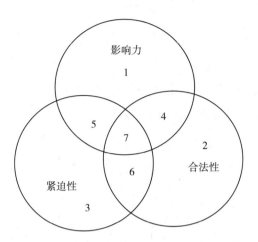

图 2-5　Mitchell 的利益相关者三维评分模型

资料来源：Mitchell Ronald, K., Agle Bradley, R., Wood Donna, J., "Toward a Theory of Stakeholder Identi-
　　　　fication and Salience: Defining the Principle of Who and What Really Counts", *Academy of
　　　　Management Review*, Vol.22, No.4(1997), pp.853-886.

紧迫性）三类。

（3）潜在型利益相关者。这类利益相关者指只具有合法性、紧迫性和影响力三项属性中一项的群体。而这又可以细分为：静态型利益相关者①（拥有影响力）、苛求型利益相关者②（拥有紧迫性）与自主性利益相关者③（拥有合法性）。

Mitchell 进一步指出，各利益相关者的分类属性并非不变的，随着其自身能力与外界情景的变化，各利益相关者的分类属性呈现一个动态的过程。Mitchell 的分类方法为企业利益相关者关系结构与治理方式的动态研究带来较大的启发。

Savage（1991）根据其威胁潜力与合作潜力，将利益相关者划分为支持型、边缘型、混合型和反对型四类，而对利益相关者构成威胁和合作的能力取决于企业的资源依赖、利益相关者的实力、利益相关者针对特定问题的行

---

① 图 2-5 中数字 1 所标示的利益相关者群体。

② 图 2-5 中数字 3 所标示的利益相关者群体。

③ 图 2-5 中数字 2 所标示的利益相关者群体。

动以及利益相关者形成联盟的能力。Savage从行为层面出发,将资源依赖理论与利益相关者行为分析与解释结合起来(林曦,2010),为利益相关者参与治理与主体激励提供了思路。

图2-6　Savage利益相关者划分模型

资料来源:Savage,G.T.Nix,T.W.,"Whitehead C J,et al.Strategies for Assessing and Managing Organizational Stakeholders",*The Executive*,Vol.5(2)(1991),pp.61-75.

　　Rowley(1997)指出以往研究缺乏从利益相关者看企业的研究视角,进而引入网络概念,构建了基于利益相关者网络密度和企业中心性的二维分类矩阵。另外,Jawahar等(2001)认为现有利益相关者研究集中于成熟的组织,缺乏对组织演进视角的关注。通过整合资源依赖、期望理论以及组织生命周期等理论研究成果,他们提出了一个基于企业生命周期的利益相关者演变理论,用于识别不同企业生命阶段,企业关键利益相关者的主体、角色与管理策略。

　　整体而言,传统利益相关者概念界定与识别存在"广义"与"狭义"两种思路,从实践角度而言,"狭义"利益相关者界定更加符合管理实践的要求,因此获得更加广泛的关注与应用。而企业各利益相关者之间在技术创新过程中存在角色、内容、影响等方面的异质性。因而,对利益相关者的异质性界定与归类是开展利益相关者管理的基础,而现有研究整体呈现丛林化的研究现状。

三、利益相关者工具性研究

　　工具层面研究关注焦点是开发有效的利益相关者管理策略与措施(Donaldson,1995)。由于企业化利益相关者间存在在角色与地位上的异质性(Freeman,1984;Mitchell,1997;Savage,1991;盛亚,2009),而针对不同异质性水平设计相应的管理策略与措施是企业开展利益相关者管理的核心与基础(Mitchell,1997;盛亚,2009)。因而,利益相关者的工具性研究整体建立在利益相关者描述性研究环节的视角划分与研究成果上。由于企业利益相关者的描述性研究存在丛林化的研究视角,因此,工具性研究也对应存在丛林化的研究成果。

整体而言,利益相关者的工具性研究仍然较为缺乏(Jawahar,2001)。Freeman(1984)遵循传统的战略管理程序,认为利益相关者管理应当包括制定战略方向、制定利益相关者战略和执行与监督利益相关者战略三个前后相连的程序。但是与传统的战略管理过程不同的是,其分析框架中充分考虑了利益相关者的影响。Freeman根据利益相关者对企业的相对合作潜力和相对竞争威胁的高低两个维度,定义了一个四个象限的分类矩阵,并分别给出了相应的管理策略,使管理者可以针对不同的情况根据该理论框架选择不同的可供执行的管理措施。

Mitchell(1997)针对三维利益相关者分类,指出潜在型利益相关者由于只具备一种特征,通常缺乏足够的影响力,企业应采取放任或扫描的管理策略。预期型利益相关者,由于拥有两个特征,因此通常具有足够的积极性去采取行动。其中,支配性利益相关者由于同时拥有合法性和影响力,希望得到管理层的关注,往往能够达到目的;依赖性利益相关者拥有紧迫性和合法性,但缺少权力,因此,可能采取结盟、参与政治行动、呼吁管理层良知等行动倾向,企业应采取参与对话、协商的管理策略;而危险性利益相关者没有合法性,但是有紧迫性和影响力,因此通常会采取强硬的暴力手段,使情况变得危急,企业应采取监控、共同抉择等管理策略。最后,确定型利益相关者拥有三个全部的特征,因此管理者应重点关注他们的行为和要求。

Rowley(1997)基于网络中心与网络密度的分类维度,提出企业与其利益相关者所构成的网络结构视角下的企业应对利益相关者管理策略模型,如图2-8。

Savage(1991)从利益相关者合作潜力与威胁潜力两个维度与高低两种

高	摇摆策略	进攻策略
	通过政府正式规则的变化	改变对公司的看法
	改变决议论坛	改变做法
相	改变作出的决议的种类	改变利益相关者的目标
对	改变交易程序	从改变利益相关者的立场考虑问题
合		使计划与利益相关者更赞同的计划相联系
作		改变交易程序
意	防御策略	保持策略
愿	加强目前的企业信念	保持现有做法，监督当前计划
	保有既存计划	强化对公司的当前看法
	使计划与利益相关者更赞同的计划相联系	预防交易程序的变动
低	让利益相关者加入交易过程	

高　　　　　　　　　　　　　　　　　　　　低

相对竞争威胁

图 2-7　Freeman 的利益相关者分类与管理模型

资料来源：Freeman, R. E., *Strategic Management*：*A Stakeholder Approach*, Cambridge：Cambridge University Press, 1984.

网络	高	妥协策略	顺从策略
密度	低	支配策略	独立策略

高　　　　　　　　　　低

企业的网络中心性

图 2-8　Rowley 的利益相关者分类与管理模型

资料来源：Rowley Timothy, J., "Moving beyond Dyadic Ties：A Network Theory of Stakeholder Influences", *Academy of Management Review*, Vol.22, No.4 (1997), pp.887-910.

程度出发,提出了针对四类利益相关者的 2×2 的具体四种管理策略,即基于高合作与高威胁的参与式、基于高合作低威胁的协作式、基于低合作高威胁的监控式以及基于低合作低威胁的防御式。Savage 指出,防御式管理策略中应采取积极的防御措施,尽量减少对这类利益相关者的依赖;协作式管理策略中通过广泛的协作,大大提高这类利益相关者的稳定性;对于监控式管理策略,应确保境况不会发生变化,只有在决策涉及问题可能严重影响边缘型利益相关者时,企业才会采取行动提高其支持潜力,降低其反对潜力;而参与式的管理策略,应广泛鼓励该类利益相关者参与经营、分享决策权,以激发起合作潜能。值得一提的是,Savage 认为管理者应最小化满足边缘型利益相关者的利益以便最大化地满足支持性和混合型利益相关者的利益,这为未来研究带来"关键利益相关群体"的概念,以及基于"关键利益相关者"的管理策略。另外,Freeman(1984)与 Johnson 等(1989)等还从利益相关者的利益和影响力两个维度将利益相关者进行分类,并提出了相应的管理策略。他们均指出高影响力与高利益的"关键利益相关者群体"是企业利益相关者管理的核心与关键。

整体而言,由于存在广泛的研究视角,现有利益相关者工具性研究呈现丛林化的研究现状。但这些丛林化的利益相关者管理策略均存在一个基本的原则与假设:由于各利益相关者在企业经营过程中存在角色与地位的异质性,因此应针对不同的利益相关者采取差异化的管理策略,而管理策略设计的基础是各利益相关者对于企业而言重要性程度的差异,对核心利益相关者相对于边缘利益相关者在管理策略中应获得在内容、程度与结构上更多的关注与设计。

第四节　技术创新与技术创新的利益相关者研究

一、技术创新与技术创新模式

1912 年熊彼特在其《经济发展理论》一书中提出"创新理论",并与其后出版的《资本主义、社会主义和民主主义》等书共同形成了以"创新理论"为基础的独特的理论体系。熊彼特指出,创新就是建立一种全新的生产函数,也就是说把一种以前从来没有过的,关于生产要素和生产条件的"新组合"引入生产体系。事实上,熊彼特的"创新理论"在开始之初并没有引起人们的重视。但随着20世纪50年代以来,以微电子技术为主导的新技术革命的蓬勃兴起与突出作用,使得理论界对熊彼特的创新理论重新给予了关注,并由此形成了所谓的"新熊彼特主义"。整体而言,"新熊彼特主义"与"熊彼特理论"间存在研究问题层次的差异(贾理群,1995;张凤海,2008)。熊彼特研究的重点是经济的长期发展和结构变化,其目的在于揭示资本主义经济发展的根本机制(代明等,2012)。熊彼特指出,所谓创新就是把一种从来没有过的生产要素和生产条件的新组合引进生产体系。而这种新组合包括一种新的产品、新的生产方式、新的市场、新的资源供给以及新的企业组织形式,可以看出熊彼特对创新内涵的界定属于经济学研究的范畴。而"新熊彼特主义"更多着眼点则在于研究企业在技术创新过程中的行为、规律及其影响(张凤海,2008),这构成了管理学中技术创新理论研究的主体内容。盛亚(2009)综合经济学与管理学的思想,从利益相关者角度将技术创新定义为:一项新技术(含新产品、新工艺)从设想的产生、研究开发、商业化生产到扩散过程的由利益相关者主体参与的一系列活动。他指出:

> 从本质上讲,技术创新是一组利益相关者就技术创新问题达成的契约:利益相关者为谋求本身利益向企业技术创新活动提供各种资源,企业为实现技术创新目标必须考虑各利益相关者的权力。

因此,这种契约关系具有企业单边对多边利益相关者、多边利益相关者间异质性以及显性与隐性混合的基本特征。

受"新熊彼特主义"等理论的影响,管理学领域对技术创新的研究主要集中于对技术创新的过程阐述与模式探索上(盛亚,2009)。迄今为止,已经形成了第五、六代技术创新过程模式(Rothwell,1994;盛亚,2009),总结如表2-5。

表 2-5 技术创新过程模式内容与发展

代际	模式	主导时代	模式特点	企业战略	模式缺陷
第一代	技术推动模式	20世纪50—60年代	1.简单的线性序列过程 2.强调研发 3.市场是企业研发创新成果的接受者	1.研发新产品 2.新产品的导入 3.更多研发活动	1.对技术转化和市场的作用重视不够 2.对技术水平较低的企业创新门槛过高
第二代	市场拉动模式	20世纪60—70年代	1.简单的线性序列过程 2.强调市场 3.市场是指挥研发的根据 4.研发有积极作用	1.强调市场营销 2.企业发展的多样化 3.经济规模成为主要考虑因素	1.忽略长期研发项目 2.局限于技术的自然变革 3.具有失去技术突变能力的风险
第三代	交互模式	20世纪70—80年代	技术推动和市场拉动两种模式的结合	1.企业合并 2.侧重生产成本 3.强调规模与经济效益 4.平衡研发部门和营销部门投入	只涉及社会和市场需求，没有考虑其他重要的环境因素
第四代	一体化/并行发展模式	20世纪80—90年代	1.在过程中联合供应商及公司内部各部门的横向合作 2.广泛的交流与沟通	1.全球战略 2.联合供应商及用户 3.整合和协调不同部门在项目中的工作	1.未注意信息系统的作用 2.基于大批量生产用品，不能用于复杂产品系统
第五代	系统集成/网络模式	20世纪90年代	1.整个组织和系统的综合 2.适用于快速有效的决策 3.灵活扁平组织结构 4.发达的内部数据库 5.有效的外部数据连接	1.企业流程再造扁平化战略 2.企业信息化战略技术研发同盟	政策与措施设计的动态性与复杂性
第六代	战略协作模式	21世纪初	1.突出技术创新的外包 2.广泛的多组织机构的协作 3.强调资源的整合能力和集成创新能力	1.开放式创新 2.分布式创新 3.全面创新管理 4.创新的利益相关者管理模式	1.企业创新社会资本的构建 2.创新利益相关者的识别与管理 3.不完全契约下创新风险与多利益相关者方冲突与协调

资料来源:盛亚:《企业技术创新管理:利益相关者方法》,光明日报出版社2009年版。

Rothwell(1994)将第一至第四代技术创新过程模式统称为传统技术创新过程模式。他认为传统创新模式主要面向于生产低成本、大批量、标准件组成的产品创新和工艺创新,描述了简单产品的技术创新过程。在传统技术创新过程模式下,技术创新也基本侧重于线性化的模式探索,在一定程度上只关注创新过程中的企业内部职能活动,而忽略企业创新中多元化创新主体的主观能动性与交互关系。事实上,在新经济背景下,创新过程变得更加复杂,传统封闭的企业内外部边界被打破或模糊化,而技术创新活动更多是通过企业与周边组织所形成的创新网络予以实现(Freeman,1991;盛亚,2009),因此,传统技术创新过程模式已无力解释和指导这些创新实践了。Rothwell(1994)指出与传统技术创新过程模式相比,第五代技术创新过程模式的突出变化在于:一是强调创新网络中多样化成员;二是强调电子信息化在创新中的作用;三是强调人力资源管理因素在技术创新过程中的作用。而与第五代创新模式相比,以开放式创新(Chesbrough,2003)、分布式创新(Kogut,2001)以及全面创新(许庆瑞等,2003,2005,2007)等理论为代表的第六代创新模式则更加强调企业是更大范围内创新网络的节点,也更加强调创新活动中全要素的参与与协同。Chesbrough(2003)指出创新型公司已经开始普遍采用开放式创新模式,通过更大范围的外部参与者(包括用户、供应商、研究院所等)来帮助其达到持续创新。在开放式与分布式创新体系下,技术创新能够吸纳更多的创新要素,形成以创新利益相关者为基准的多主体创新模式(许庆瑞等,2005),而波音、克莱斯勒、苹果与谷歌等著名跨国公司在全球范围内的创新实践进一步验证了现代技术创新过程模式在新经济背景下的模式优势(盛亚,2009)。

二、技术创新的利益相关者研究

整体而言,将利益相关者理论引入企业技术创新领域的研究仍处于起步阶段(盛亚,2009)。Elias(2002)等学者首次将利益相关者方法引入技术创新的研究领域,对新西兰一个道路的 R&D 项目进行了案例研究,描述了该项目中利益相关者在技术创新过程中的参与过程与作用角色;Wong

（2005）以软件开放项目为例研究了软件开发质量评价过程中各利益相关者间的冲突，认为软件开发过程中讨价还价和冲突对建立软件评价框架是有价值的。整体而言，这些研究存在在研究的系统性、具体性以及研究方法上的显著不足。从这个局限性出发，盛亚（2006，2007，2009）首次对技术创新中利益相关者的规范性、描述性与工具性命题进行了较为系统、全面的研究阐述，形成了技术创新的十大利益相关者主体与利益相关者的"利益—权力"矩阵等研究成果，为开展创新政策中利益相关者研究提供了理论框架与结构工具。

　　首先，从经济学与管理学范式综合的视角出发，盛亚（2006，2007）从产权与契约角度对技术创新的概念与内涵进行了界定，并开展了针对技术创新中利益相关者的规范性问题论证。盛亚指出，第一，技术创新本质上是一组利益相关者的关系契约，而这些关系契约最终形成了企业的技术创新资产。由于存在不完全契约，企业是由众多的企业生产要素所有者从各自效用最大化的选择出发而结成了一张"契约网"（杨瑞龙和周业安，2000）。企业的技术创新活动实际上也是一组利益相关者为谋求自身利益向企业技术创新活动提供各种资源，而企业根据创新目标达成向各利益相关者提供回报的一系列多边契约（盛亚，2009），这些契约的缔结和履行形成了企业创新资产。现有主流研究将技术创新资产定义为"企业在技术创新领域的资源与能力"（杨武，1999），因此，企业技术创新资产可以进一步划分为资源型资产与能力型资产。企业作为一系列契约的组合，一方面，其资源型资产源于企业与多边利益相关者签订的显性契约所获得的资源，一旦多边契约签订，这些资源就变成了企业的技术创新资产；另一方面，能力型资产指各利益相关者参与企业技术创新活动所形成的知识、技能、自有技术等能力。企业通过与所有利益相关者缔结显性或隐性契约来获得利益相关者的各类特殊资源，并在各利益相关者的参与下形成了企业的能力型资产。因此，企业技术创新资产是利益相关者与企业间一组显性或者隐形契约下的资产。第二，技术创新利益相关者关系契约决定了资产产权的共同拥有属性。现代产权理论将企业所有权定义为"剩余索取权"与"剩余控制权"的集合。

技术创新产权是创新主体对技术创新资产所拥有的排他性占有关系和权力（杨武,1999）。在具体的技术创新过程中,各利益相关者向企业投入了专有性的资源型和能力型资产,由于不完备契约的存在,因此各利益相关者也必然是企业技术创新风险的承担者,应分享技术创新活动的"剩余索取权";而另一方面,各利益相关者由于投入的专有性水平与企业间的资源依赖水平不同,造成其在企业技术创新成果的分配过程中具有异质性的影响力,这些显性与隐性的影响力无法在多边契约中获得完备的体现。因此,企业各利益相关者事实上在企业技术创新活动中拥有异质性的"剩余索取权"。第三,多元化的利益相关者越来越成为企业技术创新的活动主体。早期企业技术创新是一个封闭的线性过程,通过设立独立的 R&D 机构,几乎完全依靠企业内部的资源和能力完成技术创新。而进入 20 世纪 90 年代以来,企业的技术创新活动已经不再是单个企业的独立活动,而是一个由各利益相关者组成的创新网络的共同活动。因此,各利益相关者实际上已经参与到企业的技术创新过程中,成为企业技术创新的活动主体,这也意味着现代企业理论必须合理地解释与管理这些利益相关者之间的利益冲突及其对企业绩效的决定作用（杨瑞龙和周业安,2000）。综上所知,各利益相关者已经对企业技术创新的权力和利益分配产生实质性影响,拥有共享企业技术创新活动的"剩余索取权"与"剩余控制权"的自然属性,具有在技术创新产权上的主体地位（盛亚,2009）,这也体现了企业技术创新管理中引入利益相关者的规范性命题的论证结论。

其次,针对技术创新中利益相关者的描述性问题,盛亚根据 Clarkson（1995）和贾生华与陈宏辉（2003）的思路,将技术创新利益相关者概念界定为:那些为企业技术创新投入专有性资产并承担风险,从而影响企业技术创新绩效的个人和团体。其定义涉及三个关键的概念:投入专有性资产、承担创新风险和影响企业创新绩效。因此,我们可以看出盛亚对技术创新中利益相关者的定义属于狭义的范畴,这为具体开展进一步识别、分类与策略制定提供了便利。盛亚（2009）提出了企业技术创新的利益相关者十大主体模型,对技术创新过程中的具体利益相关者主体进行了清晰的界定,见表 2-6。

表 2-6　技术创新利益相关者十大主体界定

利益相关者	身份界定	技术创新产权表现形式
股东	企业的物质资产所有者	股东收益 享有技术创新决策权 完善公司治理制度
高层管理人员	企业技术创新活动的具体组织者、协调者	享有技术创新决策管理权 给予股权激励 给予报道等荣誉以及信任等支持 赋予高管人员权威与地位等
员工	企业技术创新活动的具体实施者及实现者	给予奖金、福利等 给予荣誉、晋升、培训等 员工持股 参与创新决策和管理
用户	企业纵向社会资本的提供者之一,企业技术创新活动的起点与终点	关注用户的需求并尽量予以满足 给予降价、折扣、赠送等形式的价值让渡 提供周到的服务 完善用户意见通道并尽量予以采纳和修正 将领先用户请入企业提供建议,参与创新设想
供应商	企业纵向社会资本的提供者之一,为企业提供稳定的物料供给	与供应商保持长期稳定的业务合作 定期与供应商进行技术交流,为其技术创新提出意见和建议 引进新设备,并接受供应商的培训和技术指导
分销商	企业纵向社会资本的提供者之一,为企业提供稳定的产品销售渠道	提供优质的产品以及管理与服务 给予价格等政策支持 完善分销商的意见通道并予以采纳和修正 将分销商请入企业,参与创新设想
竞争对手	行业内具有技术重叠性与竞争关系的横向经营单位	通过技术转让等方式给予竞争对手先进技术 通过召开会议等方式进行技术交流,共同促进行业技术发展
债权人	企业经济资本的外部提供者,从企业中取得相应利息	分享技术创新收益 提供真实有效数据便于其进行评估投资 适当赋予其技术创新决策与管理的权力
合作者	以合作研发、委托研发或技术转让等方式与企业紧密联系的大学、科研机构、中介机构等外部社会资本	进行产学研合作,分享技术创新收益 提供其研究、学生实习、就业等机会 参与创新过程,并对企业技术人员进行指导
政府	通过立法激励、引导企业技术创新活动,与企业具有较紧密关系,但不参与具体运作	按时按量缴纳税收 服从政府统一管理,遵守有关规章制度 尽量向社会提供就业机会 注重技术创新社会性,促进科技进步与社会发展

资料来源:盛亚:《企业技术创新管理:利益相关者方法》,光明日报出版社 2009 年版。

虽然企业在技术创新中存在十大利益相关者主体,但各主体间在技术创新过程中存在角色与地位上的异质性(盛亚,2009),而针对利益相关者间异质性的界定与归类是开展企业利益相关者管理的前提与基础。盛亚基于 Freeman(1984)经典的利益相关者"利益—权力"框架提出了技术创新中利益相关者异质性界定的"利益—权力"矩阵模型。该模型从技术创新的具体情景出发,删减了 Freeman(1984)模型中利益维度中的"股权利益"与权力(Power)维度中的"投票权力",同时在利益与权力维度上分别增加了"技术利益"与"技术权力"予以代替。其中,"技术利益"指利益相关者分享技术成果的要求,如合作者通过合作提升技术能力、获得技术技巧与知识利益等;而"技术权力"指利益相关者对技术创新决策与成果分配的权力要求,如技术创新决策过程中的决策权、监督权和投票权等。

盛亚(2009)的利益与权力双维度识别思路的重要优势体现在其通过具体的维度分解与内容细则,能够为管理策略(政策制定)提供在主体与内容上的指导作用与内容依据。因此,整合 Freeman 的研究成果,盛亚进一步提出了技术创新情境下利益相关者的"利益"与"权力"内容细则,见表 2-7。

表 2-7　企业技术创新中利益相关者的"利益"与"权力"要求

利益相关者	利益要求	权力要求
股东	技术创新收益分配 企业良好形象 企业可持续发展	重大经营决策权 技术创新影响权
高管人员	技术创新收益分配 自身职业生涯与社会地位	经营管理决策权 技术创新影响权
员工	技术创新收益奖励 技术创新相关荣誉 技术创新相关培训 自身职业生涯与晋升	技术创新过程授权程度 技术创新影响权
债权人	技术创新融资的投资回报率(利息)	技术创新影响权 资金回报率要求 资金安全性要求

续表

利益相关者	利益要求	权力要求
供应商	经济利润要求 长期稳定业务合作关系 来自企业的技术创新支持与帮助	技术创新影响权 自身针对企业稀缺性地位的塑造 自身针对行业竞争性地位的塑造
分销商	自身需求或要求的满足程度 来自企业的技术创新、销售推广的支持	自身需求或要求对企业技术创新的重要程度 自身用户资源掌握程度 自身竞争地位高低程度
合作者	技术创新收益分配 自身成果转换的便利性与成功率 学生实习就业机会等	科研合作对自身技术创新积累的重要性
用户	优质的产品和服务 自身需求与要求满足程度 优惠、服务等附加价值的满足程度	自身意见和要求被采纳的程度 信息渠道反馈的通畅性
政府	技术创新成果带来的税收收入 相关产业发展 科技进步及社会发展 社会就业机会增加	推动企业技术创新活动的程度 提供资金支持 提供产业扶持
竞争者	通过模仿与创新扩散获取新技术 通过技术转让获取新技术 通过合作创新获取新技术	其他企业技术创新成果对自身的影响程度 其他企业技术创新成果对自身的威胁程度 自身企业的行业竞争地位

资料来源:盛亚:《企业技术创新管理:利益相关者方法》,光明日报出版社 2009 年版。

最后,针对技术创新过程中利益相关者的工具性研究,盛亚、单航英(2008)以及盛亚(2009)通过大样本调查的方法,采用利益与权力双维度对技术创新利益相关者进行了异质性度量,并进一步将技术创新十大主体进行了主体分类。他具体将十大利益相关者划分为确定型利益相关者、预期型利益相关者以及潜在型利益相关者三类,并在分类基础上提出了技术创新利益相关者管理的工具性策略。具体而言,第一,确定型利益相关者包括高管与用户,在企业技术创新过程中体现为高利益与高权力分布。高管一般是企业技术创新活动的组织者、激励者与协调人,其自身的创新精神以及对内部创新活动的支持、关注与参与程度往往关系着企业技术创新活动的成败。而用户是企业创新活动的起点与终点,其消费偏好的未满足或变化,给企业技术创新带来压力,要求企业开发出相应的技术创新成果。确定型利益相关者对企业技术创新活动发挥最为核心的作用,应在实践中予以重点关注并使其参与决策,采取"动态保持"的管理策略。第二,预期型利益相关者可以进一步分为预期Ⅰ型利益相关者与预期Ⅱ型利益相关者。其中,预期Ⅰ型包括员工、分销商与政府三类,表现为高权力与低利益分布,在实践中采取强化反馈、鼓励参与等为主的"使得满意"管理策略;预期Ⅱ型包括股东、供应商、竞争对手与合作者四类,表现为高利益与低权力,在实践中采取信息公开、加强授权等为主的"取得关注"管理策略。第三,潜在的利益相关者只有债权人,他们是为企业技术创新提供外部资金来源的个人或组织,在常规情况下,不承担企业技术创新的风险,在管理实践中采取环境扫描或忽视的"最小努力"管理策略。

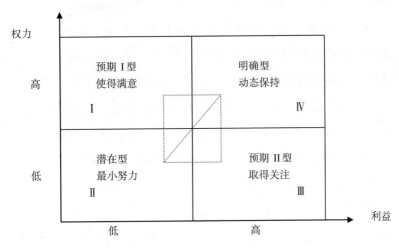

图 2-9 技术创新利益相关者分类与管理模型

资料来源:盛亚:《企业技术创新管理:利益相关者方法》,光明日报出版社 2009 年版。

整体而言,技术创新中的利益相关者研究仍处于起步阶段,其中盛亚(2008,2009)从规范、描述与工具的结构性角度出发,对利益相关者的研究最具有代表性与时效性。本节通过对盛亚研究成果的系统回顾,勾勒出特定领域研究的成果现状。

第五节　文献评述

整体而言,本环节对相关领域的文献梳理与综述,获得以下主要的评述性结论:

一、创新政策概念、分类以及设计理念均存在演变的过程

首先,现有研究对创新政策的概念界定总体呈现一个从科学政策到技术政策再到更为广义的创新政策的演变过程。随着技术创新过程模式的发展,广义的创新政策界定已经获得了学术界广泛的认可与支持(Lundvell,2006),即创新政策应包括传统的科学政策、技术创新以及创新政策的完整内容。其次,与创新政策概念界定相对应的是政策分类研究,整体而言,现有创新政策分类方法存在宏观特征与工具措施两种思路,宏观特征分类思路以 BodasFreitas.etc(2008)分类模型最具时效性与完备性;而工具措施分类思路以 Rothwell(1985)所提出的供给、环境与需求三分模型最具经典性与操作性。最后,在创新政策设计理念环节中,随着技术创新过程模式从传统的线性模式向现代的互动模式转变,创新政策理念也在发生着重大的变化。整体呈现由单一政策主体向多元主体协同、科学政策向创新政策、单一政策工具向综合政策工具以及关注行为向关注能力的发展趋势,而其演变的核心是政策设计者对企业技术创新过程中多元化利益相关者主体参与和协同的理解与认知,即政策设计者对政策目标与技术创新理论发展的理解与认识(徐大可和陈劲,2004)。鉴于本书的研究目的与研究层次,本书拟采取 Lundvell(2006)的创新政策概念界定、赵媛等(2007)的创新政策广义范畴界定以及 Rothwell(1984)的分类模型作为本书中创新政策的概念界定与政策分类标准。

二、政策事前评价与混合研究方法成为创新政策评价研究的主流

一方面,公共政策的影响力与影响面范围均较大,应强调事前评价的重

要性。杨富平等(2009)指出,公共政策的实施不仅仅包括经济成本,更包括潜在的社会成本。因此,政策决策应该强化政策事前科学决策与评价,避免政策出台后的损失放大效益。彭雪荣(2016)指出现有创新政策评价研究多强调对创新政策的事后效果评价,不利于指导一般创新政策的制定,不利于科学、经济与高效的创新政策实践。必须认识到,事前评价对创新政策机理研究提出了更高的要求,需要从政策作用主客体以及政策作用过程视角,重新界定与理解创新政策作用机理,才能更有效地指导道政策的事前评价实践。

另一方面,混合研究成为量化研究的主流方法。本书从政策评价对象与政策评价方法两个维度对现有政策评价基本方法进行了分类,形成了 2×2 的政策测量分类模型。从分类模型看,关键词方法具有简便、易操作等优点,但存在过于简化的问题;而政策维度方法可以从多视角对政策进行分类与归并,更加有利于对政策内涵与结构的解构;频数统计方法也具有直观、便捷的优点,但简单频数统计过滤了政策间存在的范畴、力度与协同方面信息;通过科学评分方法,能够挖掘政策关键词视角或维度视角下,政策的内在信息与协同关系,但也存在评分标准制定与评分结构的信效度问题。未来的研究中,混合研究应成为政策量化研究的主流,即在一定信效度水平下,结合政策维度与关键词的政策对象分类逻辑,采取专家评价与频数统计结合的政策量化方法,实现对创新政策的深度分析。

三、创新风险与利益相关者网络应该成为创新政策评价研究的新视角

强调识别创新风险与强调政策事前评价具有其内在的逻辑一致性。一方面,技术创新从本质上说是高风险的社会活动,投入大、回报周期长。现有政策研究目的更多从创新能力评价、创新绩效评价等角度出发,缺乏从创新风险视角对政策目标与内容的理解,不利于政策事前评价的科学性与有效性;另一方面,现阶段,技术创新风险的形成更多来源于创新网络的系统风险,而不仅仅是企业自身创新能力或资源的局限性。因此,应强调创新政策评价降低网络化与协作性风险上的指导思路。

事实上,企业技术创新呈现越来越网络化与协同化的基本趋势,开放式创新、协同创新、商业模式创新等概念正被这个时代赋予新的内涵,创新不再是某一组织的行为,而是不同组织和众多个人互动的杰作(彭雪蓉,2016)。本质上,创新网络可以看作企业创新的利益相关者协作网络,而企业技术创新已经成为各利益相关者组成的创新网络的共同活动(盛亚,2009)。因此,通过利益相关者视角对创新政策的目标、对象、标准以及协同进行测量与评价,具有理论上的领先性、实践上的可行性,也有利于政策事前评价趋势。

四、完整的利益相关者研究应包括规范性、描述性与工具性的内容

从利益相关者的研究范畴看,自从 Freeman 于 1984 年系统性地提出利益相关者概念后,利益相关者理论却一直饱受批评,这些批评主要集中在利益相关者的概念泛化与成果混乱上。Donaldson(1995)针对这些批评,提出了利益相关者研究的规范性、描述性与工具性三分框架,为梳理利益相关者研究成果的研究定位与理论发展提供了系统性工具,也为开展特定领域下的利益相关者研究提供了结构性思路。通过对现有利益相关者研究文献的梳理显示,现有研究对"企业是否需要考虑利益相关者分类"的规范化问题已经达成较广泛的共识(Freeman,2010;杨瑞龙等,2005;盛亚,2009);现有利益相关者描述性研究由于研究视角与研究目的不同,整体呈现丛林化的研究现状,但现有研究均建立在企业利益相关者间存在角色与地位的异质性这一研究前提;而针对这种异质性的界定与区分是开展利益相关者工具性研究的基础与前提(Freeman,1984;Mitchell,1997;盛亚,2009),即应针对不同利益相关者应采取差异化的管理策略,而管理策略设计的基础是各利益相关者对于企业而言的异质性程度,对核心利益相关者应相对于边缘利益相关者在管理措施设计中获得在内容、程度与结构上更多的关注与设计。技术创新中的利益相关者研究整体上仍处于起步阶段。其中以盛亚(2006,2007,2008,2009,2012)的研究最具代表性与完备性。整体而言,盛亚从 Donaldson 的三分模型出发,系统地论证了技术创新中利益相关者的

规范性、描述性与工具性问题,并提出了包括技术创新中利益相关者十大主体模型、利益相关者"利益—权力"矩阵以及利益相关者三分结构模型等研究成果,为本研究提供了巨大的启发与理论依据。

整体而言,Donaldson 三分框架对本研究存在以下的启发:第一,一个完整的利益相关者研究应包括规范、描述与工具三方面的内容。第二,三者间存在研究内容与研究成果上的层层递进、互为前提的逻辑关系。第三,鉴于本研究首次将利益相关者视角引入创新政策研究领域。因此,应从规范性、描述性与工具性的研究框架出发,理解、组织与设计创新政策与利益相关者创新资源投入间作用关系的多层次研究内容,这也是提高本书研究效度与完备水平的必然要求。

五、现有公共政策研究存在利益相关者方法应用的不足

现有公共创新政策研究存在将具体利益相关者方法引入上的不足与局限。实际上,自 Vedung(1989,2000)提出利益相关者视角的政策分析思路后,利益相关者方法在政策研究领域已经获得了一定的认可与应用。但现有公共政策中的利益相关者研究仍较集中在利益相关者的政策参与形式(李瑛等,2006)、过程公平(王瑞祥,2003)或满意评测等领域,忽略了对政策本身所内含的具体利益相关者主体与内容的关注;其研究方法也集中于定性案例描述或"优秀示范"的总结与推广,整体上缺乏从规范、描述到工具完整内容结构出发的研究成果。由于内容与视角上的局限,现有研究成果无法为创新政策研究与政策创新提供具体的指导,更多只能提供在宏观策略导向等方面的决策参考(Mitchell,1997)。因此,将利益相关者方法引入创新政策研究领域,开展包括利益相关者规范性、描述性与工具性范畴的完整研究内容,具有理论必然性与实践必要性。

六、创新政策作用机理研究也存在视角、变量引入以及应用上的局限

文献梳理结果显示,现有创新政策作用机理研究虽然在创新政策投入

与企业技术创新绩效间的正向关系上获得了较广泛的支持,但在创新政策与创新资源投入间的关系研究环节却存在研究视角、变量引入以及概念定义上的局限性。第一,现有研究忽略了企业所面临的利益相关者环境,存在视角上的局限。一方面,现有以国家或集群为对象的创新政策研究虽然从宏观方面对于政策设计实践具有巨大的启发,但缺乏从企业层面理解与剖析创新政策作用机理;另一方面,以企业为研究对象的政策机理研究,更多将企业看成是一个独立的、完整的理性主体,缺乏从利益相关者视角理解与剖析创新政策情境下的企业主体。事实上,企业本质上是利益相关者的组合体,而利益相关者的创新资源投入与相互协同水平最终导致了企业技术创新绩效的高低,同时各利益相关者在技术创新过程中也客观存在在角色与地位上的异质性。因此,现有创新政策机理研究成果不匹配于"现代技术创新过程模型"理论发展的要求,也无法为政策设计提供在主体与内容上的指导,存在研究视角上的局限性。第二,现有创新政策与创新资源投入之间的关系研究缺乏中介变量考量。现有创新政策机理研究结论存在实践环节上的不足,表现为:一方面,类同的创新政策情境下,不同企业行为可能产生较大的差异(Hadjimanolis,2001;Busom,2000);另一方面,不同创新政策情景也可能导致类同的企业创新投入(范兆斌等,2004;陈向东等,2003)。从利益相关者视角来看,其原因在于政策激励过程中因企业对象间利益相关者组成结构与内容需求上存在异质性,因而导致创新政策激励作用存在差异性。因此,利益相关者视角下的中介变量缺失可能导致现有创新政策作用机理研究结论存在解释力与一致性上的不足。第三,现有主流研究将创新投入或行为操作化定义为企业研发性资源的投入,这种简化处理可能带来概念范畴上的局限性。从利益相关者角度看,企业创新投入不仅应包括各利益相关者显性化的研发资源投入,还应包括各利益相关者在热情、契约乃至公民行为等因素上所体现的非研发性资源投入(盛亚,2009)。整体而言,将利益相关者视角引入创新政策研究领域,构建涵括创新政策与利益相关者资源投入间作用关系研究中规范性、描述性与工具性问题的完整研究框架,为解决现有创新政策作用机理研究所存在的理论与实践局限提供了新的思路与方向。

第三章　创新政策研究中的利益相关者规范性分析

——合法性与合理性

Donaldson(1995)指出完整的利益相关者研究应包括规范性、描述性以及工具性三方面的内容。其中,规范性论证的是"为什么要考虑利益相关者"这一问题,而描述性研究需要解决"有哪些利益相关者"与"如何界定各利益相关者间的异质性"这两个问题。前者为开展利益相关者工具性研究奠定了规范性前提,而后者为利益相关者工具性研究提供了概念与内容上的界定基础。鉴于本书首次将利益相关者视角引入创新政策研究领域,因此,本书嵌入创新政策研究情景,对创新政策研究中的利益相关者规范性与描述性命题展开相关的论证,研究结果为开展创新政策作用利益相关者资源投入的关系研究提供了规范性前提以及其在利益相关者主体与内容界定上的描述性基础。

Donaldson指出利益相关者的规范性研究要解决"企业为什么要考虑利益相关者"这一命题。整体而言,现有研究很大程度上是从经济学的范畴开展对该命题的论证,即更多从企业产权、社会责任与社会契约等角度来论证"为什么企业应该考虑利益相关者",试图从道德、规范与法律等层面奠定利益相关者的"合法性"基础,并取得了广泛的共识。但现有研究在一定程度上却有意或无意地忽略了从"合理性"角度论证这一规范性命题,即从经济性、有效性角度论证企业作为理性人而"为什么需要考虑利益相关者"的问题。虽然,部分学者(纪建悦,2009;威勒,2002;贾生华,2003;刘雅桢等,2008)试图验证企业利益相关者管理策略与企业长期经营绩效间的关系,但整体而言,这些研究较为稀少,且结论缺乏一致性。由于存在研究视角与成果证据的缺失,可能造成利益相关者策略在企业管理实践中仅仅成为"道德""规范"或"强制"上的要求,也可能导致在公共政策设计领域中对利益相关者关注的任务化与形式化倾向(李瑛等,2006;王瑞祥,2003)。因此,创新政策设计中利益相关者的"规范性"研究应包括"合法性"与"合理性"两个独立的研究内容,这也是开展创新政策研究中利益相关者描述性与工具性论证的基础与前提。

具体而言,本章针对创新政策研究情境下的利益相关者"规范性"命题的论证内容应包括以下两个方面:第一,从产权、规范以及政策功能层面论证"创新政策设计应该考虑利益相关者",即"合法性"问题;第二,从有效政策设计理念出发论证"有效的创新政策设计需要利益相关者",即"合理性"问题。两者共同构成了创新政策利益相关者规范性研究的完备内容。

第一节　合法性论证

事实上,针对利益相关者"合法性"命题的探索,贯穿于现代企业理论发展的整个过程。主流企业理论具有较一致的逻辑起点,即"股东至上"的企业观(林曦,2010)。利益相关者理论正是针对主流企业理论的"股东至上""资本雇佣劳动"的不满发展起来的。整体而言,利益相关者的规范性研究是围绕"企业是归谁所有"与"企业经营的目标是什么"这两个命题展开的。早期经济学文献以"剩余索取权"来定义企业所有权,即企业扣除所有固定的合同支付后的余额的要求权。但由于不完全契约的存在,所有企业契约参与者都得到固定的合同收入是不可能的,因此产生了"剩余控制权",即契约中没有特别规定的活动的权力(Grossman & Hart,1986;Hart,1995)。"剩余索取权"和"剩余控制权"共同构成了现代一般意义上的企业所有权。而主流企业理论认为股东向公司投入物质资本,承担了企业经营的风险,理应享有企业的"剩余控制权"与"剩余索取权",即拥有企业的所有权。这种论断受到了利益相关者理论的学者的尖锐批评:Blair(1995,

1999)指出股东可以通过证券组合方式来降低风险,并未承担全部风险;而雇员、供应商等对企业也进行了专有性投资,承担失业、供货关系中断与债务损失等经营风险,因此也应享有企业的剩余控制权与剩余索取权。Freeman(2010)认为主流企业理论只关注企业价值的分配而忽略了企业价值创造这一关键命题,他指出企业的目标就是为利益相关者尽可能的创造价值,而且这种价值创造并不靠在各利益相关者间进行取舍来实现,因此企业的经营目标应是"利益相关者的利益最大化"。Blair(1999)指出,随着知识经济、信息经济的兴起,非物质资本在企业中占据和发挥愈发重要的地位与作用,公司已经不再是简单的实物资产的集合物,而是一种"治理和管理着专业化投资的制度安排"。杨瑞龙(2000)指出主流企业理论本质上是"企业家的企业理论",它的出现与古典企业时代物质资本稀缺从而要求企业控制权的事实是相符的,但是随着时代的发展,这种理论所依据的根基已经发生了动摇。盛亚(2009)从技术创新领域出发,指出利益相关者已经对企业创新过程中的权力和利益分配产生实质性影响,拥有共享企业技术创新活动剩余索取权与剩余控制权的自然属性,因此,也具有技术创新产权上的主体地位。整体而言,现有企业理论研究为企业管理与政策设计中引入利益相关者的合法性命题奠定了坚实的理论基础。

整体而言,现代企业理论对"企业管理需要引入利益相关者"的规范性问题已达成了较为广泛的共识。因此,本书对创新政策中引入利益相关者的规范性命题论证应主要围绕公共政策的概念、特征与社会职能实现等角度展开重点论证。公共政策是政府为解决一定的社会问题,通过一系列政府强制行为来履行政府管理职能的过程。陶学荣(2009)指出公共政策具有目标导向、法律规制、利益协调、政治象征与社会发展的社会功能属性。谢明(2010)指出公共政策活动的基本功能包括:导引功能、协调功能、管制功能与分配功能。胡宁生(2007)还提出了转型社会中公共政策活动具有维护社会稳定、促进公平公正以及促进社会变革等特殊的功能。

因此,创新政策作为公共政策的子类范畴,将利益相关者视角与方法引入创新政策设计领域具有其内在的合法性:第一,利益相关者在企业技术创新中投入专有性资产并承担了技术创新风险,理应分享企业的"剩余索取权"与"剩余控制权",因此,公共政策引入利益相关者视角与方法是公共政策推动社会公正实现的必然要求。第二,企业技术创新已经成为由多元利益相关者构成的创新网络的共同活动,因此,推动社会创新网络的形成与发展是现代创新政策重要的目标导向,体现公共政策的社会引导功能。第三,企业往往是技术创新活动的中心签约人、组织载体与最终分配者(盛亚,2009),在一定程度上企业相对利益相关者而言具有先天的利益分配优势。因此,通过创新政策外部干预与协调机制的引入,有利于促进多方利益的协调、体现社会公平以及保护社会弱者的政策功能。第四,通过引入利益相关者视角的创新政策设计,有利于推动理解与预防创新过程中各利益相关者的"机会主义"行为(Werder,2011),发挥公共政策的管制性功能,推动社会契约性水平提高。第五,研究者(刘凤朝等,2007;陈振明,2004)还指出,我国处于经济与社会的巨大转型期,社会各利益相关者间的分歧与冲突体现得更为复杂与突出。因而,强调政策研究中的利益相关者理念,对推动社会公平、凝聚社会共识与降低社会成本均具有重要的意义,同时也是实现民主管理和民主决策的重要途径(李瑛,2006)。

整体而言,本节从创新政策的概念、属性与社会功能实现等角度分析与论证了创新政策引入利益相关者视角与方法的必然性,论证结果为创新政策研究中的利益相关者规范性前提提供了"合法性"证据。

第二节　合理性论证

创新政策中利益相关者的"合理性"问题是指"有效的创新政策设计需要引入利益相关者"。而针对这个问题的论证,本书认为首先应明确有效公共政策设计的基本原则与设计标准;其次,论证创新政策设计引入利益相关者视角是否更加匹配"有效政策设计"基本原则与标准的要求;最后,通过契合性比较结果,获得创新政策中引入利益相关者视角"合理性"问题的基本结论。

一、匹配模型

巴格丘斯(2007)在整合以往研究成果的基础上,提出有效政策设计的"匹配模型"。巴格丘斯指出有效政策设计本质上是要解决"在什么样的环境下,政策工具会带来有效的干涉"与"在特定的环境下,怎样的政策工具是无效的"这两个问题,也就是政策设计本质上要求设计那些能够与具体的政策环境相"匹配"的政策工具,这与创新政策的动态演变趋势相一致。基于这个思想,巴格丘斯进而提出政策设计的"匹配理论"。该理论认为政策设计应包涵四个核心的因素:政策工具的特征、政策问题、目标受众的特征与环境因素。公共政策只有其政策工具特征与后三者相匹配时,政策设计结果才具有有效性保障。也就是说,政策问题、环境情景与目标受众特征的客体分析与评估是政策工具内容设计与评估的起点与重点。本书将基于巴格丘斯的"匹配性"模型,从政策工具特征与政策问题、环境情景与目标受众特征的"匹配性"角度出发,论证创新政策考虑利益相关者的"合理性"问题。

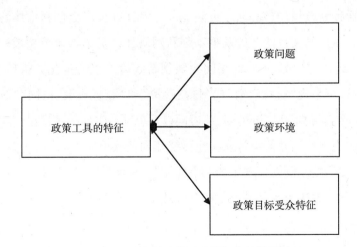

图 3-1　有效政策设计的契合性模型

资料来源:[美]盖伊·彼得斯、冯尼斯潘·弗兰斯:《公共政策工具:对公共管理工具的评价》,顾建光译,中国人民大学出版社 2007 年版。

二、政策问题匹配性

现有创新政策设计的问题焦点呈现一个演变的趋势,整体呈现一个从关注"市场失灵"到"系统失灵"乃至"演化失灵"的过程。解决市场失灵问题是将技术创新过程看作一个"黑箱",将技术创新过程进行简单的"企业—市场"二分操作(苏英,2006),体现为第一、二代技术创新过程模式思想的产物。20世纪60年代,受新熊彼特学派理念与东亚实践的影响,政府强力推动创新的理念得到广泛的认同与发展。该理念强调技术创新是一个连续化的过程,强调政策客体、政策工具与政策措施的多元化。因此,其关注的焦点集中于所谓的"过程失灵"问题上。随着以国家创新体系、全面创新理论等第五、六代创新模式的提出,针对解决"系统失灵"与"演化失灵"问题的政策设计理念获得了发展,其更加强调知识在创新网络系统中的流动是创新的关键所在,认为创新和技术发展是创新网络中各个角色相互作用的结果(徐大可和陈进,2004)。可以看出,现阶段创新政策设计理念是基于网络与协作思想的产物,强调创新系统内多元化主体的广泛参与和多方协同,而创新政策的核心问题也演变成如何鼓励更广泛创新主体的要素参与、多元主体的关系协调以及推动创新网络社会资本构建等领域。刘凤朝(2007)通过对1980—2005年间我国创新政策样本的量化分析后指出,我国创新政策呈现"科技政策"向"科技政策"和"经济政策"协同、"政府导向型"向"政府导向"和"市场调节"协同以及单项政策向政策组合转变的发展趋势,体现出我国政策设计从关注传统计划经济思路下的"市场失灵"问题到关注现代技术创新模式下的"系统失灵"等问题的演变。因此,将利益相关者视角与方法引入创新政策研究领域是实现"政策工具特征与政策问题"匹配的必然要求。

三、政策目标受众特征匹配性

巴格丘斯(2007)提出的第二个匹配要素是政策目标受众特征与政策工具特征的匹配,即政策设计应匹配政策目标受众的特征属性。该问题本质上可以归结为两个子问题:"政策目标受众是单一的还是多样的"与"如果政策目标受众是多样的,那各政策目标受众间是同质的还是异质的"。针对第一个问题,传统创新模式影响下的创新政策设计理念将政策目标受众更多地定位为单一或狭义的受众对象。传统创新模式将技术创新行为理解为企业研发部门的自主行为,是其内部职能的实现。在"市场—企业"二分逻辑的影响下,技术创新过程被看成是一个"黑箱"。因此,创新政策目标受众主要集中于大学、研究所、国家实验室等以基础科学研究为目标的狭义创新群体。随着理论的发展,政策设计者对技术创新政策目标受众的关注从基础科学研究发展到企业价值链成员,再到构成企业技术创新物质资本、人力资本乃至社会资本来源的广泛利益相关者主体。因此,现有创新政策设计已经就目标受众的多样性、广泛性与协同性达成了共识。第二个"各目标受众同质性或异质性"问题,决定了在创新政策工具设计中是否同样需要同质或异质的分野。如果目标受众同质性或异质性表现不显著,那么各创新政策工具间应不存在目标与措施上的差异,仅存在政策力度与政策范围的不同。现有技术创新理论研究(Rothwell,1994;盛亚,2009)为技术创新多样化主体的差异性提供了广泛的证据,同时创新政策分类研究(Rothwell,1985;闻媛,2009)也显示出创新政策内部存在政策目标与政策措施上的显著区分性。因此,现有创新政策在内容特征上应体现政策目标受众在主体与内容上的多样化要求。总而言之,创新政策应关注企业技术创新过程中的广泛利益相关者,即将利益相关者视角与方法引入创新政策研究领域是实现"政策工具特征与政策目标受众特征"匹配的必然要求。

四、政策环境匹配性

最后,政策工具应与政策环境情景所相适应。巴格丘斯(2007)认为具体政策环境情景应该包括社会环境、经济环境以及政策的具体实施环境等内容。现阶段,企业的技术创新越来越成为由各利益相关者组成的创新网络的共同活动(盛亚,2009),各利益相关者间的相互博弈、协调、竞合水平导致了企业技术创新绩效的高低差异。这就导致一方面,创新政策作为企业技术创新的外部激励源,应致力于促进各利益相关者间共识与协同的达成;另一方面,企业作为现代创新网络中的中心角色,其自身的技术创新决策也越来越受到其利益相关者影响。因此,将利益相关者视角与方法引入技术创新政策设计领域具有适应当前经济环境、政策实施环境的必然性,这对提高创新政策决策质量、降低实施难度以及增强政策绩效均有显著的影响(王瑞祥,2003)。陈潭(2003)指出,我国处于经济与社会的巨大转型期,社会各利益相关者间的分歧与冲突体现得更为复杂与突出,因而,应更加关注政策设计过程中的利益相关者理念,有利于进一步提高决策质量、推动共识达成与降低实施成本。因此,将利益相关者视角与方法引入创新政策设计环节是实现"政策工具特征与政策环境"匹配的必然要求。

整体而言,通过利益相关者视角下的政策工具特征与现有创新政策目标问题、技术创新目标受众的特征以及现有创新政策所面临的环境情景间的匹配性分析结果显示:在现代技术创新过程模式与多元化创新资源投入的背景下,将利益相关者视角与方法引入创新政策研究领域是实现"政策工具特征与政策环境"匹配要求的必然要求,也是我国转型期社会情境下推动社会公平公正、提高决策质量与降低实施成本的必然选择。

第四章 创新政策研究中的利益相关者描述性研究

——角色界定

由于研究视角的不同,现有针对利益相关者的描述性研究体现出丛林化的研究成果。这种多元化的研究视角与丛林化的研究成果,无法为创新政策设计提供针对政策主体、政策内容以及政策力度等方面的具体指导。徐大可和陈劲(2004)指出创新政策设计应基于两个重要的内容:政策目标以及其背后的创新政策理论基础。因此,开展利益相关者视角下的创新政策研究应在现有技术创新理论发展的基础上,结合企业技术创新过程中的具体情景与实践需要,对现有利益相关者工具性研究进行梳理与对比,论证并明确创新政策中利益相关者主体、内容以及关系的界定模型,这样才能为从利益相关者视角解决政策设计的瓶颈问题提供依据,为工具性研究奠定理论与概念的基础。

Donaldson(1995)指出,利益相关者的描述性研究关注的是利益相关者的概念界定与利益分析,即"企业利益相关者到底有哪些? 他们和企业之间存在什么利益关系"。Rowley(1997)将描述性研究内容界定为:"如何识别谁是公司的利益相关者","他们在公司中的赌注是什么"以及"他们会产生什么样的影响"。从本质上而言,Donaldson 与 Rowley 所界定的描述性研究均关注两个方面的内容:利益相关者的主体界定与利益相关者的内容界定,而利益相关者内容界定研究所隐含的是利益相关者间存在异质性的前提假设,即不同利益相关者主体间在企业经营过程中存在角色与地位上的差异,而这种差异正是利益相关者的分类研究与管理策略设计的前提与基础(Mitchell，1997；Savage，1991；盛亚，2009)。综合上述描述性研究的范畴界定，本书将创新政策设计中利益相关者的描述性问题具体阐述为以下两个问题："创新政策中应体现利益相关者主体"与"如何界定与度量创新政策中利益相关者间的异质性"两个问题。前者为利益相关者的主体界定研究，后者为利益相关者的内容界定研究。创新政策设计的利益相关者描述性研究也是开展工具性研究的前提与基础。

第一节　主体界定

Edquist(2001，2012)指出现有政策设计的瓶颈问题是：无法解决给谁？给什么？以及给多少的问题？而解决这个问题的前提在于甄别、界定创新政策中应体现的利益相关者主体，这在本质上讲是在技术创新情境下利益相关者的概念与范围界定问题。实际上，利益相关者的概念与界定一直是困扰学术界的难题，至今"没有一个得到普遍的赞同"(Freeman，2010)。但整体而言，现有利益相关者的界定可以划分为广义界定与狭义界定两种思路。广义界定以 Freeman(1984)的定义最具有代表性，他指出"利益相关者是能够影响一个组织目标的实现，或者受到一个组织实现其目标过程影响的人"，进而将社区、政府、环保组织等实体纳入利益相关者的管理范畴。Wheeler(1998)进一步将利益相关者范畴扩展到自然界与社会文化领域，达到一个更为广泛的范畴。但总体而言，广义的利益相关者界定思路因界定主体的身份过于宽泛，缺乏管理实践层面的可操作性，给利益相关者研究与管理带来一定的"混乱与诟病"(Donaldson，1995)。针对这个问题，部分学者(盛亚，2009；Mitchell，1997；Elias，2002)认为利益相关者应限定于那些在企业中下了显性或隐性"赌注"的群体，从而具有相应权利的个人或团体，因而具有更强的针对性与实践性。具体针对技术创新领域，Elias(2002)等学者通过对一个 R&D 项目的案例分析，首次将利益相关者方法引入技术创新的研究领域，界定了该项目的具体利益相关者。虽然，该研究具有一定的启发性，但存在研究普适性上的局限。盛亚(2007，2008，2009)从普适性角度出发,从企业技术创新资本构成角度出发,进一步提出技术创新的十大利益相关者主体模型,为开展技术创新的利益相关者分析提供了主体界定上的模型基础。

创新政策设计是解决社会在技术创新实践中的具体问题而作出的政策安排,具有显著的实践性与指导性(刘凤朝等,2002;Rothwell,1985)。首先,创新政策设计中利益相关者的界定应更倾向于狭义利益相关者的范畴。广义利益相关者范畴虽然具有视野、伦理与道德层面的优势,但对于解决现有企业技术创新面临的瓶颈问题(Edquist,2001,2012)提供过于泛化的政策对象,缺乏实践层面的可操作性,甚至带来一定程度上的概念与内容混乱,因此,无法达到本书的研究目的。其次,企业技术创新已经成为由利益相关者所构成的创新网络的共同行为,而利益相关者的创新投入与协同水平最终决定了企业技术创新绩效的高低(盛亚,2009),因此,创新政策应契合技术创新实践中利益相关者的多样性与完备性要求。最后,创新政策设计中利益相关者的界定应契合技术创新中利益相关者研究的理论发展背景。针对技术创新中利益相关者的研究仍处于起步阶段,相关利益相关者主体界定研究中,盛亚(2009)提出的技术创新利益相关者主体模型最具有系统性、代表性与时效性。

因此,本书从利益相关者的狭义范畴出发,采用盛亚的技术创新的利益相关者主体模型,并剔除原模型中的政府主体①,进而提出创新政策设计中的九大利益相关者主体,即股东、高管、员工、用户、合作者、竞争者、供应商、分销商与债权人九类。

第二节　"异质性"内容界定

创新政策利益相关者的内容研究所对应的是工具性研究第二个主题:

---

①　政府作为创新政策设计的发起者、设计者、实施者与主要评估者,从社会管理层面是所有创新政策的利益相关者,因此,本研究中不予单独考虑。

如何描述利益相关者间的异质性？由于各类利益相关者在企业经营中存在角色与地位上的异质性，简单将利益相关者作为一个整体来进行研究与应用推广，无法得出令人信服的结论（Donaldson，1995）。因此，开展利益相关者视角下的创新政策设计，必然需要建立针对各利益相关者主体统一的内容界定标准，进而对各利益相关者间异质性进行描述与度量，这是开展利益相关者分类以及分类管理策略设计的基础与核心。

现有利益相关者的内容界定与异质性描述研究整体呈现丛林化的现状。不同学者从企业边界划分（Su 等，2007）、企业决策施加影响（Frederick，1992）、利益相关者网络组织程度（Rowley，1997）等广泛视角开展了利益相关者异质性研究。整体而言，可以划分为两种界定思路：关系导向思路与内容导向思路。关系导向指以企业与利益相关者间关系的属性、方向与程度等为界定标准，用于描述与度量各利益相关者间的异质性水平，进而采取针对性的管理策略或政策措施。其中，最具代表性的关系导向研究是 Mitchell（1997）的三维评价模型，该模型从影响力、合法性和紧迫性三维度出发描述与度量利益相关者与企业间关系的异质性程度，进一步将企业利益相关者其划分为确定型、预期型与潜在型三大类。由于该分类模型具有较强的合理性、操作性与动态化，因此已经成为应用最为广泛的利益相关者异质性描述与分类模型。

嵌入创新政策研究情景，本书认为以 Mitchell 模型为代表的关系导向思路存在明显的不足：该模型以各利益相关者与企业间关系属性上的异质性水平的主观评价为分类标准，并不能为政策设计提供在对象与内容上的具体指导，其贡献更多地体现在甄别各利益相关者间的地位差异与利益相关者宏观管理策略设计的启发上，因此，难以解决"给谁？给多少？怎么给？"这一具体政策设计瓶颈问题。针对这个局限性，本书认为解决途径应回到 Freeman 于 1984 年所提出的内容导向的利益相关者异质性界定模型上来。在该经典模型中，Freeman 指出各利益相关者间的异质性本质体现为其在"利益—权力"内容与结构上的差异，并具体阐述各利益相关者间在"利益—权力"维度上的内容细则。

在创新政策研究领域,Freeman 模型的优势体现在:第一,Freeman 的利益相关者"利益—权力"模型是一种内容导向的异质性界定方法,避免了关系导向模型所强调的"就关系论关系",而缺乏具体指导意义的不足。第二,以 Mitchell 为代表的关系导向模型,存在一个重要的隐含前提,即其关注的焦点是从企业的主体视角来界定企业与利益相关者间的关系内容与程度,这符合服务于企业管理实践的传统利益相关者研究目的。但嵌入创新政策研究领域,这种企业单向视角的研究前提,可能存在分析视角上的局限性。因为,创新政策作为一种技术创新的外部激励源,其主要的目的在于协调、协同与推动技术创新过程中各利益相关者间的相互合作与资源整合水平,这就意味着政策制定者需要跳出孤立的企业视角,而从更加广义、多元与协同的角度来界定与度量利益相关者间的异质性。Freeman 的模型强调利益相关者与企业间的"利益—权力"内容,而"利益"与"权力"本身从研究视角来看,则具有其内在的辩证性与统一性,即利益具有互惠性,而权力本身又具有双向性(Pfeffer & Salancik,1978),因此,对应于创新政策研究情景,内容导向模型具有研究视角上的优势。第三,内容导向模型也可以体现企业与利益相关者间的关系水平,Freeman(1984)、盛亚(2009)通过降维的方式,对各利益相关者间"利益—权力"分布水平与结构进行了度量,并针对具体利益相关者主体进行了分类操作,这体现出从内容导向模型出发进一步界定与度量利益相关者关系属性的方法与途径。相对而言,关系导向模型难以或无法进一步度量与刻画利益相关者的内容属性。因此,在技术创新研究情境下,内容导向模型具有方法适用性上的优势。第四,现有关系导向研究的适用性带来其在特定研究情境下的局限性。现有关系导向的利益相关者异质性研究往往强调理论成果的适用性与外部效度,也更加突出其在宏观层面的解释性与指导性,缺乏嵌入技术创新等特定研究情境的利益相关者异质性研究成果,可能存在研究对象与研究内容在嵌入性与灵活性上的相对不足。

基于研究目的与研究情景的契合性要求,本书采用盛亚的技术创新利益相关者"利益—权力"模型为创新政策中利益相关者内容描述的框架模型,即通过利益相关者在创新政策中的"利益"与"权力"内容体现以及其"利益—权力"的结构体现来界定与度量各利益相关者间的异质性。其理由是:盛亚的"利益—权力"模型基于 Freeman 的"利益—权力"模型,属于内容导向模型的范畴;同时,该模型嵌入技术创新情景提出了技术创新中利益相关者异质性描述与度量的"利益—权力"矩阵模型,并构建了完整的利益相关者的"利益—权力"分析结构,具有较强的可操作性。

整体而言,由于创新政策设计的客观性、具体性要求以及所面临的"给谁?给多少?怎么给?"的瓶颈问题,现有主流以特征属性为导向的利益相关者异质性的描述与度量模型并不能很好地满足创新政策的实践要求,而更应采用以 Freeman 模型为代表的内容属性导向的描述与度量模型。嵌入本研究的创新政策设计情景,本研究采用盛亚"利益—权力"分析框架作为创新政策设计中利益相关者的内容界定与异质性度量模型,即通过利益相关者的"利益—权力"体现与对称结构来界定创新政策中各利益相关者间的异质性。

第五章　利益相关者视角下创新政策作用机理的案例研究

　　Donaldson 指出利益相关者的"工具性研究"旨在说明"企业与利益相关者间的关系将产生什么样的结果"与"企业应采取何种利益相关者管理机制来增进企业的绩效"。前者属于作用关系的研究范畴,而后者属于作用关系研究结论的工具化范畴。因此,本书中的利益相关者工具性研究应包括两个主要的研究问题:第一,"创新政策与利益相关者资源投入间存在何种作用关系",即利益相关者"利益—权力"视角下,创新政策如何发挥对利益相关者创新资源投入的激励作用。具体而言,一方面,创新政策内部由于政策目标与政策措施的不同,各政策分类间必然存在政策作用对象、路径与内容上的差异;另一方面,创新政策通过差异性地影响利益相关者的"利益—权力"内容与结构体现,进而导致各利益相关者在创新资源投入上的不同。整体体现出"政策投入(I)——利益相关者'利益—权力'内容与结构体现(P)——利益相关者创新资源投入(O)"的作用关系思路。第二,"应采取哪些创新政策设计思路或措施以提高创新政策绩效",其本质上是作用关系研究结论的工具化应用,即基于作用关系研究的结论,提出利益相关者视角下创新政策创新的基本思路与方法,进而针对具体政策样本开展具体政策测量、评价与创新实践。

　　因此,本书通过以下三方面组织与设计利益相关者视角下创新政策与利益相关者资源投入间作用关系的具体研究内容:第一,利益相关者"利益—权力"视角下,创新政策与利益相关者创新资源投入间作用关系的多案例探索。具体采用多案例分析结合扎根理论编码方法,理论抽样并分析具有代表性的企业样本,探索性构建利益相关者视角下创新政策作用利益相关者创新资源投入的概念模型。第二,基于概念模型与理论推演方法,提出作用关系研究的具体研究假设与检验模型,进而针对不同利益相关者独立开展大样本问卷调查与假设检验,获得作用关系的最终研究结论。第三,基于作用关系的研究结论,提出利益相关者视角下创新政策研究的基本思路与方法,进而开发针对利益相关者视角下创新政策的政策量化评估的方法与工具,并针对具体创新政策样本开展了政策测量、评价与创新实践。前两个方面共同构成作用关系研究的完整内容,回答工具性研究中"创新政策如何作用于创新的利益相关者主体,而这种作用又将导致什么样的影响后果"的问题;而后者是作用关系研究结论的工具化应用,探索性地回答"在利益相关者视角下,应采取哪些政策设计思路或方法用于指导政策的创新与提高政策绩效"的问题。三个方面共同构成创新政策工具性研究的核心内容。本章要完成的内容是利益相关者视角下创新政策与利益相关者创新资源投入间作用关系的多案例探索。

第一节　研究设计与实施

一、研究设计

根据研究设计,本章研究目的是开展利益相关者视角下创新政策与利益相关者资源投入间关系的探索性研究,为实证环节研究提供作用关系研究的概念模型。根据这个研究目的,本研究基于"I-P-O"逻辑范式,将研究问题具体定义为以下三个:"分类创新政策影响了那些具体的利益相关者群体""分类政策影响了该利益相关者的什么内容"以及"这些影响进而导致利益相关者资源投入的何种变化"。根据前文描述性研究的研究成果,本环节研究涉及的相关概念界定主要包括创新政策中利益相关者的主体模型与"利益—权力"矩阵模型(盛亚,2009)以及Rothwell(1985)的创新政策工具分类模型等。

本环节采取多案例分析并结合扎根理论编码方法。采用多案例研究方法的理由是:第一,案例研究擅长于具体回答"是什么""为什么"和"怎么样"的问题,适用于理论的构建与检验(Yin,2002);第二,多样本的探索性案例研究能够进一步保障研究的信效度水平(Eisenhardt,2007);第三,通过多案例研究中研究组与对照组的设计,能检验最终研究的理论饱和水平;第四,多样本设计在一定程度上能够弥补数据收集过程中可能因研究对象配合不足或认知不完备等因素所造成的不足。本书还采用扎根理论编码方法作为多案例分析数据的数据编码和归类方法,其目的在于从大量的定性资料中提炼范畴,进而构建利益相关者视角下作用关系的概念模型。扎根理论方法是由 Glaser 和 Strauss 于 1967 年提出并发展起来的,该方法是运用翔实的资料从下往上构建实质理论的一种研究方法。其要旨在于通过科学的逻辑,归纳、演绎、对比、分析,螺旋式循环地逐渐提升概念及其关系的抽象层次,并最终发展理论。与一般理论不同的是,扎根理论不对研究者自己事先设定的假设进行逻辑推演,而是从资料入手进行归纳分析(王璐等,2010)。鉴于本环节采取成熟性的概念与范畴模型,因此,从研究目的与研究方法的科学性与契合性出发,采用扎根理论编码方法作为多案例研究数据的数据分析与归类方法,将定性数据转化为定量数据,以契合本书的研究目的与研究内容,也保障并提高本书的整体研究信效度水平。

研究的信效度控制是研究设计的重要内容。根据研究内容与研究方法的设计,本环节研究的主要信效度控制手段包括:理论抽样、三角证明、受访者检验、准统计、理论饱和、理论检验以及多人间编码信效度控制等系列方法,有效地保障了本书研究结论的信效度水平,这些信效度控制手段的具体应用在研究实施环节具体说明。

最后,本书针对多利益相关者研究对象进行了删减处理,以降低本研究的复杂性与研究难度。基于在利益相关者描述性环节的论证结论,本书采用盛亚(2009)提出的技术创新利益相关者主体模型,即创新政策中存在股东、高管、员工、用户、合作者、竞争者、供应商、分销商与债权人九大利益相关者主体。但在实际研究过程中,由于利益相关者主体过多,客观上给研究带来巨大的复杂性与研究难度,因此对九大利益相关者进行甄选与简化,这也是现有利益相关者研究较为通用的研究策略(邓汉慧等,2004;盛亚与单航英,2008)。本书借鉴 Savage(1991)的思路,甄别创新实践与政策体现中

的关键利益相关者,简化研究中的利益相关研究对象,突出研究的重点性与
针对性。具体而言,本书借鉴相关的研究成果,甄别同时具有创新过程关键
主体(盛亚,2009)与政策体现关键主体(盛亚与陈剑平,2013)双重属性的
利益相关群体,最终确定高管、股东、合作者、员工四类主体为创新政策中的
核心利益相关者,同时也作为本书的具体利益相关者研究对象。

二、理论抽样

卡麦兹与凯西(2009)指出扎根理论主张采用理论抽样,也就是根据研
究目的选取样本。其抽样特点在于:一是目的性,即样本相对于研究目的具
有代表性;二是小样本,只是选择几个个案进行深入研究。本研究遵循理论
抽样的要求,选择了浙江省杭州、宁波两地的四家企业作为案例研究的对
象,分别为宁波3家(A企业,B企业,C企业)、杭州1家(D企业)。研究对
象的基本情况汇总如表5-1。

表5-1　多案例研究中理论抽样的样本概述

企业名称	企业所在地	行业背景	企业规模	研发中心级别
A	浙江宁波	空调、电气	大型非上市公司	国家级研发中心
B	浙江宁波	合金新材料	大型上市公司	国家级研发中心
C	浙江宁波	互联网游戏开发	中小型软件企业	市级重点资助企业
D	浙江杭州	精密测量仪器	中小型高新企业	省级研发中心 国家级院士流动站

选择上述样本主要依据是:第一,抽样样本具有新兴扶持或国家采购属
性的行业背景,具有较强创新需求与政策敏感性;第二,选取具有行业或区
域内龙头地位的企业,在政策体系影响的完备性上具有相对的代表性;第
三,各样本所在行业均是地方传统支柱产业或新兴扶持产业,在政策力度与
政策完备等方面提供了理论饱和意义上的保障;第四,具有正式化、高级别
的研发中心也是样本选取的重要考量指标,这将进一步提供研究效度上的
保障;第五,研究样本均来自有强烈转型压力的沿海发达地区,因此具有区

域创新政策导向与强度上的优势,同时,来自同一区域样本的选择也有助于避免不同区域政策情景下研究对象选择可能带来的信效度损失。整体而言,上述抽样样本符合理论抽样的内涵与要求。

三、研究实施

本研究采用了一手资料与二手资料结合的数据收集方法,其中一手数据收集方法有三种,见表5-2。

表5-2　多案例一手数据采集手段与情况汇总

调研类型	调研说明
企业访谈	针对企业层面的集中座谈,参与座谈人员的职务角色包括总裁(副总裁)、董事会秘书、办公室主任、研发部门经理、企业财务负责人等①。本研究共座谈5次,另补充调研6次
实地走访	针对企业内部利益相关者的问卷与访谈调查,调查共4次,每次2小时,其中针对企业技术研发人与中高管理者实施封闭问卷与开放访谈共计30人次
电话访谈与调研	针对企业外部利益相关者的电话访谈与调研②,调查各角色利益相关者共计40人次以上

二手资料是案例研究三角证明的重要来源(Yin,2002)。本研究的二手资料收集渠道包括:第一,企业对外宣传用相关资料,其中包括企业提供的纸质材料与企业网站上的电子文档。第二,从企业内部直接获取的内部材料,主要包括组织结构图、内部刊物、年度讨论与会议记录等。如存在上市企业信息保密等事宜,则通过上市企业公开年报材料尽量补充。第三,其他外部机构公开出版或发布的涉及研究对象的相关资料。

四、信效度控制

根据 Yin(2002)、卡麦兹与凯西(2009)等人的建议,本研究主要从样本

---

① 具体参访人员为上述角色人员的组合,根据企业的实际情况采取理论抽样与方便抽样相结合的方法。

② 对利益相关者的电话访谈与调研,主要采取在回访环节由企业帮助信息收集的范式进行。

分类设计、数据三角证明、准统计以及受访者检验等方面提高研究的信效度水平。

在样本分类方面,本研究首先将4个研究样本划分为研究组(A,B,C)与对照组(D),通过对第一阶段三个研究样本的编码分析,构建本研究的初步理论;其后,基于初步理论对对照组的样本进行有步骤分析,检验理论的饱和度;最后,比较两阶段的分析结果异同处,完善、补充与形成最终理论。

三角证明对研究的信效度水平有重要的影响(Yin,2002)。本研究采取以下手段来贯彻三角证明原则:首先,在案例调查入场之初,指导企业提供各利益相关者的典型样本,目的是为三角证明的材料收集提供对象依据。其次,在访谈数据分析结果的基础上构建初步模型,根据初步模型设计包括封闭问题与开放问题两种形式在内的利益相关者数据收集提纲。其中,封闭问题以针对各利益相关者政策重要性感知的问卷量表为主,如"您(××利益相关者)认为××政策对提高我在创新过程中的发言权而言非常的重要",数据标识采用五分李克特量表。开放式问题则是鼓励各利益相关者从更广泛的视角阐述对现有创新政策的认知与态度,如"您(高管)认为现有创新政策对您而言最需要改进的地方是什么(限三项)",开放式问题信息的收集为前期三角信息收集提供对比与补充。最后,针对部分调研对象存在的客观难度或无政策认知,如股东群体,在努力沟通仍无法达到目标的情况下,通过股东增(减)值行为、成果反馈等二手数据或间接方式予以实现三角证明。

另外,本研究还通过将研究结论反馈给研究样本,请其对研究结果进行效度检验;以及针对部分态度性封闭问题实施小范围的抽样调查,实施准统计验证,进一步保障本研究的整体信效度水平。

第二节 数据分析

借鉴李飞(2010)的研究思路,本研究将扎根理论编码方法引入数据分析环节。本研究以一手访谈资料为核心,通过初步编码分类方法,得到了一个包括 212 个条目的条目库,分别对应于研究的三个基本范畴,即创新政策利益相关者主体、"利益—权力"需求以及创新投入。在编码过程中,针对多人编码的问题,根据 Lipsey(2001)的建议予以解决,具体措施包括多人独立编码、一致率检验①、差异讨论并最终达成共识。鉴于本环节多研究样本间存在行业、规模以及受访者认识水平的差异,对编码过程中案例间存在部分不一致的编码成果,通过向访谈对象电话回访有针对性地提供进一步的政策分类标准、内容详解或引入针对性解释环节来降低不一致性水平。而针对具体案例间因特征性政策或行业情景而产生的特征性编码结果,如 C 企业访谈材料中"政府扶持我们上市以后,来企业挖人的企业明显多了……"的论断中所内隐的政策情景、"利益—权力"需求与行为范畴的编码结果,本研究认为这是多案例样本所面临的政策完备性或具体访谈对象存在的政策认知缺失。因此,这些编码结果对于最终模型构建而言,应是补充而非冲突的概念,这也符合扎根理论编码方法中理论饱和的定义,予以保留。

根据研究设计,本环节的数据分析具体步骤设定为:首先,编码各论断中各政策分类所影响的利益相关者主体;其次,甄别各论断中具体政策所影响的利益相关者的"利益—权力"需求;再次,编码各论断中各政策情景所导致的利益相关者的具体创新投入行为;最后,基于上述研究结果,通过主轴编码的方法,构建最终创新政策与利益相关者资源投入间作用关系的概念模型。本研究在编码过程中采取逐段编码的方式进行。

一、范畴编码

（一）利益相关者主体范畴编码

本研究首先对访谈资料中所内含的利益相关者进行甄别与筛选,对不

---

① 本研究采取的一致率评价指标为 AR(Agreement Rate),即多人编码成果的一致性水平。

属于高管、股东、合作者、员工、竞争者五类主体范畴的访谈论断予以删除处理。在编码过程中,研究者发现访谈材料中针对股东主体存在较普遍的界定模糊。在访谈材料中,针对广义目标的创新政策,被访谈者习惯于从企业角度对创新政策的影响进行阐述,诸如"很难说影响谁,只能说对企业好……"等。对此类论断,研究者对被访谈者进行了追问,如"对企业好主要指什么?具体影响体现在哪",被访者通常会用"当然企业就有竞争力(优势、市场)了,就能发展得更快了……""环境好了,企业就能更快发展了,老板也更愿意扩大投资了……"等论断予以回答。本研究认为:一方面,这类创新政策服务于企业创新绩效的整体提升,促进企业的可持续发展。因此,从长远角度而言,应涉及所有的利益相关者(Freeman,2010)。但另一方面,泛化利益相关者界定,缺乏有效的信效度水平,也无法满足研究目的的需求。从企业层面而言,股东是企业物质资本的投入者,是企业经营收益与经营风险的最大承担者,同时也是企业技术创新最直接的利益相关者(盛亚,2009)。因此,本研究认为股东应是此类政策论断所内隐的关键利益相关者。同时,由于创新政策对于行业内的企业而言,具有受益范围的"非排他性"与供给水平的"非竞争性"特点(童光辉,2013)。因此,除部分具有针对性①的政策以外,该类政策的利益相关者实践中也对应包括企业的竞争者群体。

表5-3　多案例利益相关者主体范畴编码统计表

利益相关者	条目数	引用语举例
股东	6	"从老板角度看,企业经营首先是为了生存,其次是为了盈利,对软件企业初期的补贴确实给我们很大的帮助……"(C-A-21)②
高管	7	"引进高级人才时,不仅仅看的是收入,小孩入托、入学等问题也是至关重要的……"(C-B-18)
员工	4	"政府开放鄞州教育中心等几个培训中心给我们新员工进行培训,解决了我们场地上的问题……"(B-A-10)

① 如部分针对特定龙头企业的区域创新政策。
② 标识规则为首位为企业编号(A/B/C),次位为访谈对象编号,末位为逐段编码访谈论断编号。例(A-C-21),为A企业内A高管访谈材料中编号21的访谈论断。

续表

利益相关者	条目数	引用语举例
合作者	9	"地方对产学研的扶持还是出台了一定的措施的,我们宁波就引进了中科院等好几家研究中心,和我们都有合作项目……"(B-A-12)

(二)利益相关者"利益—权力"需求范畴

盛亚(2009)提出创新利益相关者的"利益—权力"需求矩阵,并在此基础上进一步界定了利益(股权利益、经济利益与影响力)与权力(投票权力、经济权力与政治权力)双维度下的完整内容。本研究通过对访谈材料的一、二级编码操作,甄别与明确创新政策对各利益相关者在"利益—权力"需求维度上的影响体现。编码过程中对各利益相关者"利益—权力"需求的概念与内容定义采取盛亚(2009)的研究成果。

表5-4 多案例利益相关者"利益—权力"需求范畴编码统计表

一级编码	二级编码	条数	引用语举例
利益	技术利益	13	"地方出台的产业政策,对我们吸引人才非常重要,高级人才来很大程度还得看地方的大环境与发展空间……"(C-A-16)
	经济利益	21	"公司与中科院等机构关系最紧密,经过多年合作与发展,中科院在宁波已设立了研究所,现在和很多企业开展了合作的项目……"(B-A-7) "政府出台的技术创新的项目补贴应该说相对于企业投入而言是很有限的,而且给本企业的条件也非常多,但对于起步而言还是很有帮助的……"(C-A-18)
	影响力	16	"本企业是国内铜加工协会的主要会员,国家发改委在制定政策前会邀请本企业去开个座谈会,本企业把现在做的或设想和他们沟通,这样出台的政策对本企业的发展非常重要……"(B-A-11) "软件行业在宁波属于新兴的产业,市领导与科技局都不了解,没有基础,因此,都要本企业教他们应该出台些什么政策……"(C-A-16)

一级编码	二级编码	条数	引用语举例
权力	技术权力	18	"2008年开始,美国开始出台政策,要求洁具产品无铅化,别人都在转型,我们申报了国家项目,即无铅环铜项目……" "公司总工享受国务院津贴,因此虽然不是股东,但也列席董事会,作为技术方代表对公司战略规划具有很大影响力……"(B-A-4)
	经济权力	17	"当时宁波大学找到了我们一起合作,申报国家项目,收益分享在合作前就制定好了……"(A-A-12) "公司上市也给我们带来了其他的麻烦,比如来挖人的多了,因为别人认为我们员工的技术好,因此出价也高……"(B-A-8)
	政治权力	14	"对我们而言,其他的政策相对而言是次要的,国家行业规划政策对本企业而言至关重要……这就需要本企业通过各种渠道去获知信息甚至改变决策……"(B-B-4) "省科技厅定期会翻译与编写关于本行业的行业动态与技术前沿的刊物,还要组织本企业参加一些行业研讨会,对本企业还是非常有帮助的……"(B-A-11)

(三)创新资源投入范畴

根据研究设计,本研究对访谈论断中所内含的各利益相关者创新资源投入要素进行编码分类。

表5-5　多案例利益相关者创新资源投入范畴编码统计表

一级编码	二级编码	条目数	引用语举例
创新投入	研发投入	37	"新的行业标准出来后,行业内的各个企业都得跟着投入技术改造,不然会被淘汰掉……"(B-A-22) "……解决了员工的后顾之忧,员工自然也会全力投入到公司产品的研发过程中,很多时候主动留下来加班……"(C-B-6) "宁波大学为了强化和我们的合作,单独投入并设立了一个联合实验室……"(A-A-24) "区里扶持我们这种龙头企业的积极上市,为了抓住这个好机遇,老板也加大了对企业的投入,对新产品与新市场开发都有很大的促进……"(B-A-26)

续表

一级编码	二级编码	条目数	引用语举例
创新投入	非研发投入	46	"××研究所经常组织和我们的联谊与交流活动,互通有无……"(A-A-27) "行业协会组织与举办的几个研讨会一定得去,一方面,看看别人在干嘛;另一方面,联络联络同行的感情还是很重要的,毕竟行业就这么大……"(B-B-20) "……区里提供各种各样的培训,一方面部分解决了我们人力资源的问题;另一方面员工学到了东西也对企业更齐心了,觉得地方和企业有发展……"(C-A-17)

二、选择性编码

借鉴李飞(2010)的研究思路,本研究采用选择性编码方法(卡麦兹与凯西,2009)来构建基于利益相关者视角的创新政策对利益相关者创新资源投入作用关系模型。选择性编码是指选择核心范畴,使其系统地和其他范畴予以联系,验证其间关系,并把概念化尚未发展完备的范畴补充整齐的过程。根据研究设计,本书遵循从"创新政策——利益相关者的'利益—权

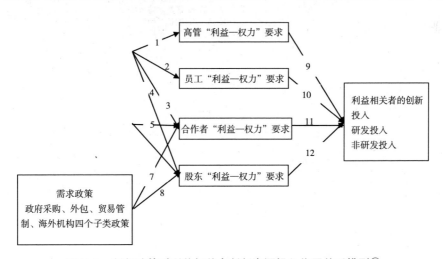

图5-1　创新政策对利益相关者创新资源投入作用关系模型①

① 模型中数字标识为关系编号。

力'体现——利益相关者创新投入行为"的逻辑开展本研究的主轴编码分
析。本研究采取将创新政策划分为供给政策、需求政策以及环境政策三子
类(Rothwell,1985)。

（一）创新政策作用于利益相关者"利益—权力"内容[1]编码

各利益相关者在创新过程中存在异质性的需求与作用。因此,从本质
上而言,创新政策与利益相关者创新资源投入间作用关系的发挥是通过具
体类别政策差异性地作用于利益相关者的"利益—权力"内容来实现对利
益相关者的激励。本研究针对创新政策作用于利益相关者"利益—权力"
内容的选择性编码结果如表5-6。

表5-6　创新政策作用于利益相关者"利益—权力"内容的编码汇总

政策类别	政策说明	关系编号	关系说明	引用语举例	效度控制证据
供给政策	包括人力资源、信息支持、技术支持、资金支持、公共服务五子类政策	1,2	人力资源政策影响员工、高管的利益与权力	"公司总工享受国务院津贴,因此虽然不是股东,但也列席董事会,作为技术方代表对公司战略规划具有很大影响力……"(B-A-4,编码"权力")"地方政府在高级人才引进方面还是做了很多的工作,如分配人才公寓,这解决了本企业在吸引人才方面的大问题……"(C-A-19,编码"利益")"区里为龙头企业提供了员工培训的绿色通道(编码'利益')……,行业内人才的流动率也变高了……"(B-B-7,编码"权力")	(1)A公司董事会列席名单(2)"A、B、C员工样本对人力政策关注度"M=3.6/5(N=36)
		3	技术支持影响股东与合作者的利益与权力	"当时宁波大学找到了我们一起合作,申报国家项目,收益分享在合作前就制定好了……"(A-A-25,编码"利益")"和高校与研发机构的合作对我们帮助也非常大,……而高校的优势在于把握技术的前沿……"(B-A-30,编码"权力")	(1)A、B与高校联合申报项目统计(2)A企业与高校联合实验室照片资料

---

[1]　鉴于研究的复杂性与篇幅的限制,本书对利益相关者作用于"利益—权力"的体现不进行分解操作(即分解为"权力"与"利益"两维度),仅在表6中的"关系说明"与"引用语举例"予以陈述性说明。

90

续表

政策类别	政策说明	关系编号	关系说明	引用语举例	效度控制证据
供给政策	包括人力资源、信息支持、技术支持、资金支持、公共服务五子类政策	4	（1）信息支持影响股东利益与权力 （2）资金支持影响股东利益 （3）公共服务影响股东利益	"信息政策对我们而言至关重要，公司首先考虑的是'十二五'规划中关于七大新兴产业的相关规定。公司也经常要到国家发改委去汇报，……有什么新的项目可以来申报啊，或者对政策有什么建议或需求什么的……当然，发改委也不可能听我们一家的，国内其他企业也会被邀请去研讨……"（B-A-15，编码"权力"+"利益"） "省科技厅会组织一些研讨会，还会定期提供技术信息汇编，这对了解市场动态，开发产品还是很有帮助的……"（B-A-30，编码"利益"） "对行业而言，存在一个问题就是，行业补贴资金是定额的，像胡椒面一样，大家都有份，很多动漫企业基本就是靠国家资金补助来活的……"（C-A-17，编码"利益"） "市里针对高新区软硬件还是投入很大的，……挺满意，对企业来说，经营环境好，自然待得住，做得好了……"（C-A-28，编码"利益"）	（1）B内部报刊关于企业新标准设计及国家发改委官员参观讲话报道 （2）浙江省科技厅出版产业信息汇编材料 （3）宁波鄞州区新兴产业扶持与补贴标准
环境政策	包括财务金融、租税优惠、法规管制与策略性措施四子类政策	5,6	（1）财务金融影响股东、合作者的利益 （2）租税政策影响股东的利益 （3）策略性措施影响股东的利益 （4）法规管制影响股东的利益与权力以及合作者的利益	"贴息、税收优惠和研发费用抵扣对企业影响很大，……毕竟企业降低风险。但对于我们而言，国家的财税政策不是雪中送炭而是锦上添花……"（B-A-30，编码"利益"） "现在地方对产学研比较重视，提供了蛮多税费抵扣政策……，几方共赢……也提高了合作水平……（A-A-27，编码"利益—权力"） "租税优惠政策对于软件企业影响不大，毕竟固定成本较低，……规模大的话还是有很大优势的……"（C-A-24，编码"利益"） "高新技术产业优惠政策认定的指标都一样，需求研发投入达到3%，对于大企业来说就很难做到，指标规定得太死了……"（B-A-32，编码"利益"） "全世界无铅黄铜三大系列，加硅，加铋还有加锑的，……加锑是我们的专利……国内没有人和本企业竞争……"（B-A-34，编码"权力与利益"） "在线游戏在国内还是存在很大的产权保护问题，我们就受到包括深圳Q公司的侵权行为，但由于Q公司是深圳地区的扶持企业，想要胜诉极为困难，原因还是在于中国对于知识产权保护做得不到位……"（C-A-28，编码"权力与利益"）	（1）"A、B、C股东样本对租税政策关注度"$M=4.1/5$（N=12） （2）"A、B、C股东样本对知识产权政策关注度"$M_A=3.9$（N=4）$M_B=3.7$（N=5）$M_C=3.5$（N=3）

续表

政策类别	政策说明	关系编号	关系说明	引用语举例	效度控制证据
需求政策	政府采购、外包、贸易管制、海外（区域外机构）四子类政策	7,8	（1）政府采购影响股东利益、合作者的权力与利益（2）外包影响股东利益、合作者的权力与利益（3）贸易管制影响股东权力与利益（4）海外（区域外）机构影响股东与合作者的权力	"国网电表是国家统一采购的，公司技术不是最先进的，但是服务一定要好，网络一定要稳定，所以比的是综合实力……"（A-A-31，编码"利益"）"实际上，国家在采购环节上的技术导向是非常明显的……我们作为国家电网的产品供应方……得提高技术水平……不然就要被淘汰……"（A-A-34，编码"利益"）"我们事实上是政府的委托方……现在本企业软件开发还是亏的，区政府给提供了一些办公平台数据库的开发项目，也给我们锻炼人才、提高水平提供了机会……"（C-A-34，编码"权力"+"利益"）"政府外包整体而言都是要招标的……"（C-A-36，编码"利益"）"国家采购过程中对国产还是有需求的，这样我们在技术上的发言权更大了……"（A-A-41，编码"权力"+"利益"）"公司在美国设立了一个办事机构，主要是完成与Facebook线上游戏的合作，区里也比较支持，提供了一些财务支持，这对把握最新的客户需求与技术前沿还是很有必要性的……，区里表示支持的，但实质性支持还比较少"（C-A-41，编码"权力"）"公司在湖南长沙设立了一个办事处，湖南长沙有国内的电力行业几大高校与研究所，他们可是国家技术标准制定的主要成员，目的也是尽早地掌握行业市场与技术的信息与方向……"（A-A-50，编码"权力"）	（1）A企业区域外办事处设置的组织结构图（2）C企业政府外包合同文本；（3）A企业湖南办事处信息周报制度与备档文件；

（二）利益相关者"利益—权力"政策作用对其创新投入的影响

创新政策的目的在于通过作用于利益相关者在"利益—权力"上的体现，激励各利益相关者的创新动机，进而采取相应的创新投入行为。即特定政策情景下，对利益相关者"利益—权力"的政策作用体现进一步导致了利益相关者的创新资源投入，选择性编码结果如表5-7。

表5-7　利益相关者"利益—权力"政策作用与利益
相关者创新资源投入关系汇总

关系说明	关系编号	引用语举例	效度控制证据
高管"利益—权力"需求满足到创新投入	9	"我们从盛大挖了产品总监过来,薪酬是一方面……区里政策还解决家属的户口、小孩上学问题……,这样别人就得留下来……,表示愿和我们一起创业、主动留下来加班……这是钱不一定做得到的……"(C-A-12) "总工享受国务院津贴,……全公司上下都很尊重他……,董事会上总工提的意见还是非常有分量的……"(B-A-4,B-A-5)	C企业的区人才公寓购置合同与内部分配记录 B企业内部的企业经营决策与董事会会议报道
员工"利益—权力"需求满足到创新投入	10	"省里或市里都会组织一些行业研讨会或信息沟通会,……特别是参会的人,会学到蛮多东西,对他们成长很有帮助……反过来,也觉得公司对他很重视,自己也有发展……"(B-B-20,B-B-21)	B企业参与人才培训计划与记录
合作者"利益—权力"需求满足到创新投入	11	"市里面鼓励产学研的政策出来以后,宁波大学为了强化和我们的合作,单独投入并设立了一个联合实验室……"(A-A-24,A-A-25) "湖南长沙有国内的电力行业几大高校与研究所……是国家技术标准制定的主要成员……掌握行业市场与技术的信息与方向……"(A-A-50,A-A-51)	(1)A、B、C企业产学研项目统计 (2)A企业合作实验室报刊报道与项目汇编
股东"利益—权力"需求满足到创新投入	12	"区里扶持我们这种龙头企业的积极上市,为了抓住这个好机遇,老板也加大了对企业的投入,对新产品与新市场开发都有很大的促进……"(B-A-26,B-A-27) "新的标准出来以后,你到底跟还是不跟?不跟就得被淘汰,老板没有别的选择……"(B-A-22)	A公司上市股东增扩资记录等

三、理论饱和度检验

对对照组D的访谈资料进行范畴与主轴编码,将编码结果与研究组(A、B、C)编码结果进行对比,以检验研究成果的理论饱和度。对照组的选择性编码结果显示如表5-8。

表5-8　对照组访谈资料理论饱和检验结果

原模型关系编号	引用语举例
1,2	"市里对院士流动站、博士工作站有一定的优惠政策与补贴,并给我们一定政策使用的自主权,这对吸引人才……解决人才留得住的问题……有一定帮助……"（D-A-7）
3	"公司最早是中国计量学院几个教授的研究成果转化……一方面,……和学校的技术合作还是非常紧密……;另一方面,现有一些产学研政策鼓励我们强化合作关系……"（D-A-11）
4	"资金上有一定的补助,但是主要还是靠自己……那当然是老板考虑的事了……前几天省里面还组织企业申报资助科研项目……资金使用比较死,下来的钱还必须用在这个项目上……"（D-A-14） "没有特殊照顾……你说关系嘛,还是有影响的……,但还是要靠实力,毕竟就这几家公司,大家都看着的……"（D-A-16）
5,6	"我们好像没有享受什么财税优惠……,高技术公司减免税还是有的……大家都一样……"（D-A-19） "我们一台机器最少30万—100多万,产值大……最终减免还是蛮重要的……,现在国外的产品也在降价……竞争太激烈了,研发跟不上,就要被淘汰……"（D-A-20） "我们主要和中国计量学院合作……存在一些产学研的扶持政策……对我们而言当然是多多益善……对双方都是好事……"（D-A-23）
7,8	"神舟上有些计量仪器是我们研发的……,这是个身份的象征……对一些客户影响很大,……计划和国家×××部门加强合作……,技术需求虽然高,但是对企业而言是名利双收的……"（D-A-25）
9	"院士流动站和博士工作站真正运作起来费用还是非常高的……没有一些政策,难度就很大……毕竟,人能留得下、留得住……科研才能搞起来……"（D-A-8）
10	"职务发明的产权归企业了……对相关员工一次性奖励……对市里提供的相应奖励……全部奖给相关员工……推荐市级优秀青年或专家梯队,这对个人发展与福利还是有一定帮助的……员工基本比较认可……研发积极性也比较高……"（D-A-13）
11	"每年我们与中国计量学院有委托研究合同,很多老师也在我们这里兼职……也成立了专项实验室……,市里对我们这种产学研模式比较认可……打造杭州自己的'硅谷模式'……,市里面重视……很多事情就好办一些,合作也顺利一点……"（D-A-23）
12	"行业竞争比较激烈,技术更新也比较快……企业经营压力还是比较大的……老板得跑政府、跑政策……搞点扶持资金……不过你也得有东西,现在政府也很精……照我说,老板就得干这个……我们可以拍拍屁股走人,老板可走不了……"（D-A-35）

整体而言,对照组 D 样本一、二手材料编码结果与模型结果对比结果显示:D 样本编码内容仍然符合基于 A、B、C 样本所归纳的脉络和关系(图5-1 所示),并没有发现新的范畴与关系。因此,本研究认为图 5-1 所示的理论模型是饱和的。

第三节　理论检验

卡麦兹等人(2009)建议对扎根理论编码后的关系结果应进行逻辑性检验,并通过与已有文献对比以进一步检验研究的信效度水平。本研究检验结果显示如下:

首先,本研究采用创新政策作为输入变量,通过影响各利益相关者的"利益—权力"需要这一中介变量,进而影响各利益相关者的创新投入行为这一输出变量,整体上符合"I-P-O"(政策输入—政策过程—政策影响结果)基本逻辑范式,也符合利益相关者视角的研究范畴,因此,模型具有逻辑上的合理性。

其次,供给政策是指政府通过人才、信息、技术、资金等的支援,改善技术创新相关要素的供给状况,从而推动技术创新和新产品开发(Rothwell,1985)。由于技术创新已经是各利益相关者所组成的创新网络的共同活动,即广义的创新资源分散于广泛的利益相关者中,并通过各利益相关者的资源投入行为最终形成企业内部的协同创新。因此,有效的供给政策也必然对广泛分布的利益相关者产生相应的影响。大量学者(刘凤朝等,2007;李伟铭,2008)指出了高等教育、人才培训、户籍政策等政策设计对企业创新人力资源(高管与科研员工)创新激励与可持续性(利益与权力)的重要影响。Searle(2003)指出,通过政策设计可以引导企业构建有效的人力资源管理政策,这其中包括两个重要的过程因素:甄别员工创新技能(员工;权力)与一视同仁的政策奖励(高管与员工;利益)。研究显示加大对民营企业 R&D 补贴力度有助于降低企业风险(利益),能促进其(股东与竞争者)加大创新投入,从而切实地提高民营企业的创新能力(范柏乃等,

2008），但也有可能存在小范围内（30%）的挤出效应（Busom,2000）。汤易兵（2006）通过对比英国、美国与中国产学研政策工具后指出：出台鼓励共同研究、提供设备、引入顾问与信息平台等措施，能够有效地降低产学研（股东、竞争者与合作者）间的信息不对称（利益与权力），提高大学在国家创新体系中扮演的重要作用（权力），进一步提升产学研效率（利益），克服潜在障碍。

再次，环境政策是指政府通过财务金融、租税制度、法规管制等政策影响技术发展的环境因素，为产业提供有利的创新政策环境，间接推动创新开展（Rothwell,1985）。因此，环境政策具有对象上的针对性，即更加聚焦于产业层面的利益相关者主体（股东与竞争者）。Hyytinen（2005）针对芬兰中小企业样本的研究结果显示，政府通过财务金融的政策设计，推动有效资本市场的建立，对那些严重依赖外部融资（利益）的行业中企业（股东与竞争者）影响最为显著。范柏乃等（2008）基于 SD 模拟的研究显示科学合理的税率、贴息率、固定资产折旧率等财税政策是增强企业（股东与竞争者）自主创新动力（利益）的重要因素，这进一步影响企业的创新投入与创新能力。针对专利政策的研究显示专利法规虽然在鼓励发明与鼓励技术扩散方面存在着内在矛盾，但整体而言，专利制度通过提高模仿成本以及模仿时滞（竞争者，权力与利益）来加强独占性，因此有利于减少企业（股东）技术研发的不确定性与提高创新收益（权力与利益），从而鼓励企业技术创新活动的开展（张鹏等,2002）。刘松年（2012）指出知识产权是产学研合作的必备条件，政府通过针对知识产权环节的立法提高知识产权侵害成本（竞争者与合作者；利益），也有利于合作机构（合作者）核心技术的保持与更新（权力），进而导致企业单独面对市场竞争所面临的巨大交易费用，也必然促进产学研（股东、竞争者与合作者）合作的发生（利益和权力）。王元地（2012）从专利许可制度出发，提出合理制度设计可以提高受让企业（股东与竞争者）的技术创新能力（权力）。

最后，需求政策是指政府通过采购与贸易管制等做法减少市场的不确定性，积极开拓并稳定新技术应用的市场，从而拉动企业创新（Rothwell,

1985）。由于需求政策措施以市场为载体，因此，其关联的利益相关者主体应集中于企业（股东）、竞争者与合作者（政府、学研单位以及海外机构等）等市场主体。Rothwell（1984）比较了 R&D 补贴和政府采购之异同后，认为政府采购能对企业（股东与竞争者）的创新发挥长期激励作用，提高创新收益、降低创新风险（利益）。基于我国 IT 行业上市公司面板数据的实证研究显示，承接国际服务外包促进了承接企业（股东与竞争者）创新投入与创新能力（权力）的提高，进而提升企业最终的绩效水平（利益），而企业规模和政府补助在此过程中具有显著的促进作用（崔萍，2010）。针对 FDI 政策的研究显示，东道国相关企业的研发能力越强，FDI 管制的技术溢出效应越显著，即东道国企业创新发言权越大，自主创新绩效与创新能力提升也越快（利益与权力）（王升，2008）。对我国本土跨国公司海外研发机构功能与定位的研究显示，企业从扩散创新成果或获取创新资源动机出发设立海外研发机构，通过技术转移、技术开发与基础研究三种基本功能的发挥，实现企业自身（股东）与合作对象（合作者）创新能力（权力）的提高（柯银斌等，2012）。

整体而言，逻辑性检验与已有研究成果对比对本研究成果模型的信效度提供了积极的支持与佐证。

第六章 利益相关者视角下创新政策作用机理的实证分析

多案例研究结果显示,利益相关者视角下创新政策通过作用于利益相关者的"利益—权力"内容与结构,进而影响其创新资源的投入。本章将从多案例研究所构建的概念模型出发,引入相关理论研究成果开展理论推演,提出作用关系研究具体的研究假设,进而分别针对各利益相关者独立开展大样本调查与实证假设检验,进而提出最终的利益相关者"利益—权力"视角下创新政策与利益相关者创新资源投入间作用关系的研究结论。具体而言,本章主要的研究步骤如下:首先基于多案例分析与理论推演结论,提出作用关系研究的具体研究假设;其次,基于科学规范,针对不同的利益相关者群体,分别开发作用关系假设的相关问卷与量表;再次,针对各利益相关者群体独立实施大样本问卷调查,对研究假设进行实证检验;最后,基于假设检验结果,提出创新政策与利益相关者创新资源投入间作用关系的研究结论。

在实际的调查过程中,问卷与题项开发面临所嵌入的主体针对性与政策情境性问题。多案例研究结果显示,各分类创新政策具有其特征性的政策利益相关者作用主体与"利益—权力"内容。因此,从利益相关者视角看,各利益相关者主体与其"利益—权力"内容也均具有所对应的特定政策分类或政策组合。这对本研究中的问卷与题项开发具有以下启发:第一,问卷调查主体的区分性。由于创新政策中各利益相关者是独立的政策作用主体,各利益相关者所对应的创新政策在类别范畴上具有特定性与区分性。因此,应针对各利益相关者分别开展问卷与题项开发并独立实施调查统计,以体现问卷与题项所嵌入的具体政策对象情景。第二,利益相关者"利益—权力"内容的区分性。一方面,利益相关者视角下,具体分类创新政策作用于利益相关者存在"利益"与"权力"作用内容上的特定性与区分性;而另一方面,各利益相关者在调查过程中还普遍存在对"利益"与"权力"范畴界定的模糊认知。因此,问卷题项中应体现创新政策作用于利益相关者在"利益"与"权力"上的具体形式与内容范畴。第三,具体政策情景的区分性。由于 Rothwell 三分模型下各分类创新政策内部仍存在各政策子簇间在利益相关者作用主体与内容上的显著区分性。因此,如果通过概括性的题项描述,如"您认为供给政策是否影响您在企业技术创新过程中的权力",对于受测样本而言存在巨大的模糊性与不确定性,问卷整体缺乏有效的信效度水平,也无法获得有效的调研信息,因此,问卷题项设计中应嵌入并体现具体的政策子情景。

整体而言,本章针对各利益相关者分别开展相应的问卷与题项开发,并独立开展大样本调查的实证假设检验,获得作用关系研究的最终结论。而在问卷与题项开发过程中,应充分体现题项所嵌入利益相关者主体、利益相关者"利益—权力"内容以及政策情景区分性,以保证实证研究环节的信效度水平。

第一节　理论推演与假设提出

一、假设提出

多案例研究结果显示,创新政策通过作用于利益相关者的"利益—权力"内容与结构体现进而影响其创新资源的投入。在多案例研究基础上,开展相关理论的梳理与推演,进而提出作用关系的相关研究假设。

Rowely(1997)指出现有绝大部分利益相关者理论均是从企业的视角来理解企业与利益相关者间的关系,均存在视角上的局限性。一方面,利益相关者对企业存在专有性资产的投入,享有剩余索取权;另一方面,企业因为与其利益相关者存在资源依赖关系,而导致相互之间存在权力关系(Pfeffer & Salancik,1978;周雪光,2003),而这种权力往往是不对称的(Pfeffer & Salancik,1978;马迎贤,2005)。因此,在这种不对称的权力结构下,可能会出现利益相关者的"机会主义"倾向或行为(杨瑞龙等,2000;盛亚与王节祥,2013),这是企业实施利益相关者管理的重要假设前提。

对此进行深入分析,可以发现一个企业与利益相关者间的辩证关系,即从利益相关者角度看,企业本身也是其自身的利益相关者,因此,企业的利益相关者在决策过程中,也存在其自身对相互资源依赖程度、权力结构关系的判断,自然也存在针对企业"机会主义"倾向与行为的评估与策略。Jones(1995)指出:

> 公司自身对利益相关者的态度将通过减少其机会主义行为,促进互信与合作,进而提高自身竞争力,反之亦然。

因此,企业与利益相关者间更多表现为一种辩证关系,这为利益相关者的工具性研究与创新政策设计的研究带来一定的启发性。

利益相关者概念本身就意味着利益相关者对企业所固有的利益要求,其行为的激励水平受其对投入行为收益以及投入行为风险的主观判断共同决定。刘学等(1996)、万君康等(1997)将期望理论引入企业技术创新领域,指出预期是企业技术创新动力的重要影响因素,技术创新活动带来的利润即是其预期中的效价;而企业家对技术创新成功概率的估计即是预期中的期望值。Jawahar(2001)在其经典论文《一个描述性的利益相关者理论:企业生命周期视角》中进一步将期望理论、资源依赖以及生命周期理论引入利益相关者研究,他从收益与损失二分角度指出由于存在收益与损失的心理效价不同,而导致企业在不同阶段应对不同利益相关者将采取不同的管理策略。

因此,创新政策激励作用的发挥首先应积极通过政策制度保障与提高利益相关者分享企业技术创新成果的效价水平,这种水平应涵括质与量两方面内容。一方面,由于不同利益相关者因与企业存在主体属性、依赖资源与依赖关系的不同,导致分享企业技术创新成果在形式、内容与程度上存在一定的差异性。因此,企业应针对不同利益相关者提供在内容、形式与程度上相契合的成果分享,提高利益相关者的效价水平。另一方面,利益相关者在企业技术创新过程中投入专有性资产,承担相应的创新风险,因此,利益相关者理应拥有企业的"剩余索取权",对其拥有的"剩余索取权"主观判断也是影响利益相关者效价水平的重要部分。Jawahar(2001)指出组织过于关注那些带来即时威胁的关键利益相关者,而同时将对其他利益相关者的诉求采取防御或否定的策略,这也可能造成边缘利益相关者的机会主义倾向,进而带来巨大的组织风险。总而言之,通过创新政策设计,促进、引导企业关注技术创新利益相关者的利益体现(质),以及进一步推动技术创新利益相关者的利益水平(量),有助于提高企业利益相关者对技术创新活动的自我效价水平。

　　总而言之,基于多案例分析结果的理论检验与上述理论演绎,本研究提出以下研究假设:

表6-1　创新政策作用于利益相关者的"利益"体现影响其资源投入的相关假设

H1a	创新政策作用于高管的"利益"体现程度越高,其在企业技术创新过程中的创新资源投入水平越高
H1b	创新政策作用于员工的"利益"体现程度越高,其在企业技术创新过程中的创新资源投入水平越高
H1c	创新政策作用于合作者的"利益"体现程度越高,其在企业技术创新过程中的创新资源投入水平越高
H1d	创新政策作用于股东的"利益"体现程度越高,其在企业技术创新过程中的创新资源投入水平越高

　　企业对创新投入行为的决策同时也受其对投入风险的主观判断影响(刘学,1996;万君康等,1997)。由于企业与利益相关者的辩证关系,本研究将其进一步引申到利益相关者管理的范畴中。具体而言,利益相关者对投入行为风险判断应包括其对企业技术创新行为本身以及其分享企业技术创新成果的正式或非正式保障两方面内容。一方面,企业利益相关者首先应判断其创新资源投入是否会产生相应的创新绩效,如其对技术创新项目

的结果预期缺乏相应的信心,会减少其对技术创新的投入(陈宏辉,2004;盛亚,2009);另一方面,企业利益相关者还会判断其能够有效分享企业技术创新成果的概率水平,越低概率水平自然会带来越少技术创新投入(刘学等,1996)。传统激励理论认为,通过针对员工的工作培训、业务指导、了解或参与相关工作的决策等能够全面地帮助员工弄清努力与行动绩效的相互关系(Drucker,1954;张望军与彭剑锋,2001)。因此,针对更加广义的利益相关者而言,增强企业与利益相关者间的相互嵌入与协同水平、提供利益相关者的授权程度以及促进利益相关者自身技术能力的提升等均是影响利益相关者风险评估的重要因素。因此,保障利益相关者公平、有效地分享企业的技术创新成果是创新政策设计的重要内容。

Jawahar(2001)指出资源依赖理论能够很好地解释关键利益相关者对组织的重要性,与期望理论共同构成了对利益相关者实施差异化管理的理论基础。资源依赖理论假设组织从根本上讲无法独立自足,必须依赖外部环境的资源而生存,其依赖程度由外部资源对组织的重要性与可替代性程度所决定(Frooman,1999;Mitchell,1997)。Pfeffer和Salancik(1978)指出组织与外部环境的依赖关系可以是相互的,并且依赖程度存在普遍不同。一方面,由于组织不能生产供给其所需要的全部生存资源,但每个组织均拥有一些特定的资源,这就决定组织间的依赖关系并不是单方面的,而是相互的;另一方面,组织间的相互依赖关系一般都是不平等的。整体而言,组织必须依赖外部环境的资源而生存,其依赖程度由外部资源对组织的重要性与可替代性程度所决定(Frooman,1999;Mitchell,1997;Pfeffer & Salancik,1978),当组织间的一个组织依赖性大于另一个组织时,权力变得不平等。由于资源的不对称依赖,企业与利益相关者间存在较为普遍的权力不对等关系。在此情况下,通过契约或非契约形式使利益相关者分享企业的技术创新成果是重要的保障手段。Werder(2011)指出由于存在不完全契约和专用性资产,导致组织间合作可能存在"机会主义"行为的"期权"。从利益相关者角度看,企业本身也是其利益相关者,因此,利益相关者认为企业拥有机会主义行为这项"期权",而企业到底会不会行权则取决于情境因素。

企业是技术创新的中心签约人载体,也是利益相关者创新投入的组织载体,同时也是创新成果的最终分配者,在一定程度上相对利益相关者而言具有先天的"期权"优势。因此,通过创新政策这种正式契约的制度约束,能够有效地提高利益相关者对其能够公平分享企业技术创新成果的主观判断,进而激励利益相关者对企业技术创新活动的资源投入。

传统资源依赖理论认为企业内部是通过科层化的制度进行资源安排的,但从本质而言,这种论断并未解释其内部资源的性质与来源。企业技术创新是一个知识发现、知识创造以及知识应用的过程,而知识很大程度上源于企业高管与员工的创造性思维与创新实践的积累(张望军与彭剑锋,2001;魏荣,2010)。在新经济背景下,由于知识的专业性、隐喻性水平越来越高,知识对知识拥有者的"黏性"也就越来越强(雷宏振,2011;盛亚,2009)。因此,一方面,知识性员工越来越成为左右企业技术创新绩效的重要资源;而另一方面,由于知识与人员流动水平的增强,企业与知识性员工间的资源依赖关系也带来了相应的权力关系,一定程度上体现为企业间越来越激烈的人才竞争。因此,以高管、研发型员工为代表的内部利益相关者与企业间也同样具备资源依赖上的权力关系,其"权力"配置水平也影响其对企业技术创新活动的资源投入水平。基于多案例分析结果的理论检验与理论演绎结果,本研究提出以下研究假设:

表6-2 创新政策作用于利益相关者的"权力"体现影响其资源投入的相关假设

H2a	创新政策作用于高管的"权力"体现程度越高,其在企业技术创新过程中的创新资源投入水平越高
H2b	创新政策作用于员工的"权力"体现程度越高,其在企业技术创新过程中的创新资源投入水平越高
H2c	创新政策作用于合作者的"权力"体现程度越高,其在企业技术创新过程中的创新资源投入水平越高
H2d	创新政策作用于股东的"权力"体现程度越高,其在企业技术创新过程中的创新资源投入水平越高

企业的"剩余索取权"与"剩余控制权"对称分布是经济学的广泛共识

（杨瑞龙与杨其静,2005;刘美玉,2010;林曦,2011）。由于企业剩余索取权
（Residual Rights Of Control）和剩余控制权（Residual Claims）二者的结合就
是企业所有权（Ownership Of The Firm）。因此企业所有权的安排是影响企
业效率的决定性因素,应该从公司治理的安排上入手,使得剩余控制权跟着
剩余索取权走,或剩余索取权跟着剩余控制权走（刘美玉,2010）。现有学
术争议的焦点是"剩余索取权"与"剩余控制权"的集中或分散分布形式。
现代利益相关者理论批评了传统产权理论所认为"剩余索取权"与"剩余控
制权"天然集中对称分布于企业的物质资本所有者的观点,认为"剩余索取
权"与"剩余控制权"应在企业利益相关者间呈非均衡的分散分布。杨瑞龙
（2000）进一步指出企业产权中"剩余索取权"与"剩余控制权"本质上对应
于利益相关者的"利益"与"权力"。盛亚（2009）指出在技术创新过程中各
利益相关者在发挥异质性的角色,并整体体现出差异性、天然性的"利益—
权力"不对称结构,这种不对称必然带来利益相关者在技术创新过程中可
能的机会主义倾向,进而约束与抵消其创新资源投入的努力（盛亚和王节
祥,2013）。

表6-3 利益相关者"利益—权力"体现对称度①影响其资源投入的相关假设

H3a	创新政策作用于高管"利益—权力"体现的对称度越高,其创新资源投入水平越高
H3b	创新政策作用于员工"利益—权力"体现的对称度越高,其创新资源投入水平越高
H3c	创新政策作用于合作者"利益—权力"体现的对称度越高,其创新资源投入水平越高
H3d	创新政策作用于股东"利益—权力"体现的对称度越高,其创新资源投入水平越高

二、控制变量引入

本环节研究引入两个研究的控制变量:技术发展阶段以及行业。

（一）技术发展阶段

Jawahar（2001）指出企业不同阶段,由于各利益相关者对企业需求满

---

① 创新政策中（某利益相关者）"利益—权力"体现的对称程度以下简称为政策（某利
益相关者）"利益—权力"对称度。

足、重要程度存在差异,因此,企业应根据不同发展阶段制定不同的利益相关者管理策略。宋伟(2005)指出,在项目初期,利益相关者对项目的控制力最强,随着时间推移,项目利益相关者对项目进展的控制力减弱,他们的影响也逐渐变小。吴玲与贺红梅(2005)基于对我国企业的实证研究结果显示,我国企业的利益相关者重要性呈现随企业生命周期变化的规律,据此将利益相关者分为关键利益相关者、非关键利益相关者和边缘利益相关者三类。盛亚(2009)指出各利益相关者在企业研究开发、生产制造以及商业化三个技术创新的不同阶段,表现出不同的利益相关者"利益—权力"关系。因此,本研究引入受测样本所嵌入的企业技术发展阶段为研究的控制变量。

(二)行业

大量研究显示,创新在不同的产业间具有显著性的差异。熊彼特(1911,1942)从产业市场结构和产业动力的差异角度,将产业系统划分为两类:熊彼特Ⅰ型产业与熊彼特Ⅱ型产业。熊彼特Ⅰ型产业是指那些具有"创造性毁灭"特征的产业,其特征包括:较低的技术进入门槛、创业家和新企业在创新活动中扮演重要角色等,机械与生物产业是其典型代表;熊彼特Ⅱ型产业是那些具有"创造性积累"特征的产业部门,其特点是少数大企业作为稳定的核心占统治地位,并且只有有限的进入发生,半导体与大型计算机产业是典型代表。Winter等(1982)引入"技术范式"概念来解释技术创新在产业间的差异。Winter指出,技术范式指企业运作所处的学习和知识环境,它影响了产业间的技术学习模式,形成了对特定行为和组织的激励和抑制,影响了多样化产生和选择基本过程。Scherer(1982)对400家美国企业R&D活动和美国经济中部门间流动的研究结果显示,产业间存在技术网络供应商部门和技术使用者部门的区分。Robson(1988)对英国1945—1983年间的4378项创新进行了研究,识别出三类部门:第一,创新来源的"核心部门"(如电子、机械、工具等);第二,扮演次要角色的"第二级部门"(如汽车、冶金等);第三,用来吸收技术的"使用者部门"(如服务业)。Von Hippel(2007)指出用户和供应商具有特定的属性、知识和能力,并或多或少与生产商有着紧密的联系,在这种动态和创新性的环境中,供应商和用户显著影响并重新定义了产业系统的边界。Nelson 和 Rosenberg(1993)指出,制药业、生物技术、信息技术等产业中企业和非企业组织间的网络关系,导致其成为创新的多发行业。因此,本研究引入受测样本所嵌入的行业背景作为研究的另一个控制变量。

三、最终假设模型构建

综合案例分析结论、研究假设提出以及控制变量引入等环节,构建利益相关者视角下创新政策作用过程的最终概念模型,见图6-1。

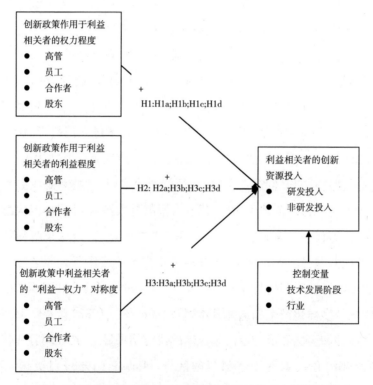

图6-1　利益相关者视角下创新政策作用过程研究的假设模型

第二节　问卷设计

一、设计方法

问卷调查法是管理学定量研究里应用最为普遍的方法,具有成本低廉、收集数据快速、相对质量较高以及对被调查对象干扰影响小的特点(谢家琳,2008)。因此,本研究采用问卷调研法作为获取实证数据的方法。

(一)问卷设计原则

福勒(2010)指出,问卷设计存在三个基本的原则:"能回答""愿意回答"以及"答为所问"。首先是"能回答",即受测对象的知识结构与实践认知能够回答相应的问题,其本质上是研究样本抽样的科学性与有效性问题。本研究主要采取以下措施保障抽样样本"能回答",首先根据利益相关者的主体概念对研究对象的总体样本进行有效母体界定,其后在母体界定范围内,通过科学抽样方法实施样本抽样,以保障样本的科学性与代表性。其次,针对"愿意回答",本研究在问卷条款内容方面,避免出现专业术语和引起歧义的词句,尽量降低问题的敏感性和诱导性,避免社会称许性可能对应答过程造成的干扰(韩振华和任剑峰,2002);而在问卷结构编排方面,问卷对研究者、研究目的、问卷填答所需时间及问卷保密性做出简短说明,问卷整体安排考虑逻辑性和界面友好性(风笑天,2002)。最后是"答为所问",即问卷受测对象对问卷调查内容具有清晰的认知,采取的具体措施包括:第一,本研究在问卷设计环节,遵循科学的问卷设计流程,充分考虑到应答者的知识、经验与能力范围,保障问卷内容效度的同时做到通俗易懂;第二,最大程度上的组织专人现场发放、解释与回收,以降低问卷填写过程中可能出现的偏差与歧义;第三,通过数理统计方法,事后验证回收问卷的信效度水平,剔除可能造成污染的问卷题项或问卷样本。

(二)问卷设计过程

综合上述问卷设计原则和注意事项,并参考以往学者(风笑天,2002;

赵卓嘉,2009)的设计过程,本研究的问卷设计遵循以下四个步骤进行:

1.初始调研问卷条款收集

在对相关变量完成已有文献回顾和经典量表收集归纳的基础上,根据研究设计与概念界定,在案例研究成果与相关理论诠释的基础上,构思本书涉及变量之间的关联性,以及经典量表的信度与效度情况,尽量选择或整合相对成熟的测量条款应用于本书初始调研问卷。

2.问卷回译

如需沿用或参考西方成熟量表时,本研究者参考陈晓萍等(2008)的建议,采用回译方法予以母语化应用。具体而言,笔者首先请两位英语专业的研究生将英文版量表译成中文,然后再请两位精通英语的管理学专业博士研究生将中文重新译成英文,比较两个英文版本的量表,对存在明显差异或分歧的条款进行修正和重译,直到中文版本量表能正确反映原版量表的测量目的。

3.小范围试发放

本研究量表存在大量整合相关理论与现有量表的题项设计,这为本量表的适用性和可行性提出了客观要求。因此,旨在对现有量表的测量条款进行适当的补充、精炼和完善,笔者通过对具有典型意义的抽样样本发放了小范围的初测问卷(单一利益相关群体的初测样本:N>10),要求初测对象对问卷题项与内容进行判断与评估。本研究根据评估反馈的内容与意见调整、补充与修正相关问卷量表,并将修订后的问卷再次反馈试测样本,反复2—3次后,确定最终试测问卷。这样操作有利于保障本研究问卷的表面效度水平,提高研究的整体信效度水平。

4.最终问卷形成

结合已有经典量表和案例分析过程中获得的典型事例,对最终试测问卷实施最后的完善与修订,形成了最终的测量问卷。

二、题项开发

(一)对应关系梳理

在利益相关者视角下,作用关系实证研究中的问卷与题项开发应充分体现题项所嵌入的利益相关者主体、利益相关者"利益—权力"内容以及具体政策情景。因此,应在具体的题项设计之初,梳理与明确具体创新政策类别与利益相关者主体、"利益—权力"内容间的对应关系,为设计具有特定性与嵌入性的问卷题项提供设计依据。

根据 Rothwell(1985)的界定,供给政策指政府通过人才、信息、技术、资金等的支援直接扩大技术的供给,改善技术创新相关要素的供给状况,从而推动技术创新和新产品开发,具体包括人力资源、信息支持、技术支持、资金支持以及公共服务五个子类政策簇。对多案例分析结果的进一步梳理显示,供给政策对高管、员工、股东以及合作者的"利益—权力"内容作用关系汇总如表6-4。

表6-4　供给政策作用于利益相关者主体与内容体现多案例分析结果汇总

子类政策簇	作用于利益相关者主体与"利益—权力"内容
人力资源政策	员工、高管的利益与权力
技术支持	股东与合作者的利益与权力
信息支持	股东利益与权力
资金支持	股东利益
公共服务	股东利益

根据 Rothwell(1985)的界定,环境面政策工具指政府通过财务金融、租税制度、法规管制等政策作用于技术发展的环境因素,为产业界进行技术创新提供有利的政策环境,间接推动技术创新和新产品开发。环境政策具体包括财务金融、租税政策、策略性措施以及法规管制四个子类政策簇。对多案例分析结果的进一步梳理显示,环境政策对股东与合作者的"利益—权力"内容作用关系汇总如表6-5。

表6-5　环境政策作用于利益相关者主体与内容体现的多案例分析结果汇总

子类政策簇	作用于利益相关者主体与"利益—权力"内容
财务金融	股东、合作者的利益
租税政策	股东的利益
策略性措施	股东的利益
法规管制	股东的利益与权力以及合作者的利益

根据 Rothwell(1985)的界定,需求面政策工具指政府通过采购与贸易管制等做法减少市场的不确定性,积极开拓并稳定新技术应用的市场,从而拉动技术创新和新产品开发,具体包括政策采购、外包、贸易管制以及海外(区域外)机构四个子类政策簇。对多案例分析结果的进一步梳理显示,需求政策对股东与合作者的"利益—权力"内容作用关系汇总如表6-6。

表6-6　需求政策作用于利益相关者主体与内容体现的多案例分析结果汇总

子类政策簇	作用于利益相关者主体与"利益—权力"内容
政府采购	股东的利益;合作者①的权力与利益;
外包	股东的利益;合作者的权力与利益;
贸易管制	股东权力与利益
海外(区域外)机构	股东与合作者的权力与利益

对多案例分析结果的梳理,体现了各分类创新政策所作用的利益相关者主体与"利益—权力"内容。但从本书的研究目的来看,需要针对不同利益相关者主体设计嵌入政策情景与"利益—权力"内容的题项结构。因此,应对上述多案例分析结果进行视角上的转化,即从利益相关者主体与内容视角来梳理与明确所对应的创新政策子类政策簇范畴。转换后的关系汇总如表6-7。

————————

①　从政府项目采购与外包的委托方角度而言,样本企业是其合作者;而针对以高校、研究所为代表的企业技术创新合作者群体而言,其本身也承担大量的政府研发项目承包方与研发产品供应方角色。

表6-7 利益相关者主体与内容所对应的创新政策子类簇汇总

利益相关者主体	利益相关者内容	对应的创新政策子类别
高管	利益	人力资源
	权力	人力资源
员工	利益	人力资源
	权力	人力资源
合作者	利益	技术支持、财务金融、法规管制、政府采购、外包、海外机构
	权力	技术支持、政府采购、外包、海外机构
股东	利益	技术支持、信息支持、资金支持、公共服务、财务金融、租税政策、策略性措施、法规管制、政府采购、外包、贸易管制、海外机构
	权力	技术支持、信息支持、法规管制、贸易管制、海外机构

总而言之,从利益相关者视角来看,具体的利益相关者主体与内容具有其所对应的创新政策子类簇,具体体现为:(1)高管所对应的创新政策子类簇是作用于其"利益"范畴与"权力"范畴的人力资源类政策工具。(2)员工所对应的创新政策子类簇是作用于其"利益"范畴与"权力"范畴的人力资源类政策工具。(3)合作者所对应的创新政策子类簇包括:作用于其"利益"范畴的信息支持、法规管制、租税优惠以及采购与外包等具体政策工具;作用于其"权力"范畴的技术支持、采购与外包等具体政策工具。(4)股东所对应的创新政策子类簇包括:作用于其"利益"范畴的资金支持、技术支持、信息支持、财务金融、租税优惠、公共服务、法规管制、策略性措施、政府采购、外包、贸易管制与公共服务等具体政策工具;作用于股东"权力"范畴的技术支持、信息支持、法规管制、策略性措施、外包与海外机构等政策工具。本环节对多案例研究结果与对应关系的梳理,为作用关系研究中的具体问卷题项开发提供了设计依据与内容基础。

(二)题项设计

根据研究设计,利益相关者"利益—权力"视角下创新政策作用关系的实证研究环节中,所涉及的利益相关者主体包括合作者、高管、员工以及股东四个群体。分别针对四类利益相关者开展独立的、具体的与嵌入的测量条款设计,并独立开展问卷发放、回收与统计工作。在具体的问卷题项设计中,首先应以具体利益相关者主体为设计主线,即围绕合作者、高管、员工、股东四类调查对象独立展开,避免在同一题项中出现多个利益相关者的重叠或交叉,以免带来问卷效度上的损失(福勒,2010),体现题项所嵌入的利益相关者主体范畴;其次,具体问卷题项还应分解、体现所嵌入的利益相关者在"利益"与"权力"内容范畴上的具体体现;最后,具体题项设计还应体现具体的创新政策情景,即题项所嵌入的具体创新政策子类簇。量表采用里克特5分测量标准,1—5分别代表以下选项:

　　□ 完全不同意　□不同意　□一般或不清楚　□同意　□完全同意

　　本环节的实证研究关注创新政策作用于利益相关者的"利益—权力"内容与结构体现对其创新资源投入的影响关系。因此,根据研究假设与内容设计,实证研究所需要测量的变量汇总如表6-8。

表6-8　实证研究环节中待测量的变量汇总

变量类别	变量名称
自变量	创新政策作用于利益相关者的"权力"体现程度 创新政策作用于利益相关者的"利益"体现程度 创新政策作用于利益相关者的"利益—权力"体现对称度
因变量	利益相关者的创新资源投入
控制变量	技术发展阶段 行业

1.高管

　　多案例研究结果显示,影响高管群体的创新政策包括供给政策中人力资源子政策簇的相关政策内容,即人力资源政策影响高管在技术创新活动中的"利益"与"权力"内容体现。进一步的梳理显示,Rothwell(1985)指出人力资源政策内容包括人才规划、培训交流、吸引国际人才等具体内容;岳珺(2004)指出我国创新型人力资源建设应包括面向高端人才的户籍政策、在职培养等具体政策措施;周国红和陆立军(2002)指出对高级人才的评优评价活动,塑造爱才、惜才的人才文化也是人力资源政策的重要环节;盛亚(2009)针对高管在技术创新中的"利益"与"权力"界定了具体的内容,并进一步开发了 2×2 的测量量表,相关实证研究显示该量表具有较高的信效度水平,获得较广泛的应用。

根据题项设计思路与原则,本研究针对创新政策作用于高管"利益—权力"体现的量表设计如表6-9,共计 5 个题项,分属于"利益"或"权力"内容范畴。

表6-9　创新政策作用于高管"利益—权力"体现的测量题项设计

题项内容"现有政府出台的……"	政策范畴	"利益—权力"范畴
Q1.政府出台的涉及高级别人才引进的政策,对个人而言具有吸引力	人力资源	利益范畴
Q2.政府出台的专利分配政策,保障了职务发明人的个人收益	人力资源	利益范畴
Q3.政府提供的各类培训服务,有利于提升个人创新(管理)能力	人力资源	权力范畴
Q4.政府针对个人职务发明(或企业创新绩效)提供相应的奖励,对个人而言具有吸引力	人力资源	利益范畴
Q5.政府针对个人的人才工程、评优评先类措施,有利于提高该人才在研发中的地位与作用	人力资源	权力范畴

盛亚(2009)指出从利益相关者角度看,企业创新投入不仅应包括各利益相关者显性化的研发资源投入,还应包括各利益相关者在热情、契约乃至公民行为等因素上所体现的非研发性资源投入。本研究结合 Baysinger 等(1991)与盛亚(2009)等人的研究成果,设计出针对高管群体技术创新资源投入的相关量表,见表6-10。

表 6-10　高管创新资源投入测量量表

Q1.对于我而言,我投入个人资源,提高与本工作相关的职业技能与创新素质
Q2.对于我而言,我投入工作额外的时间,参与企业创新活动
Q3.对于我而言,在收益未知的情况下,我愿意先付出以参加到企业创新活动中去

2.员工

多案例研究结果显示,人力资源子政策影响员工群体在技术创新过程中的"利益"与"权力"内容体现。盛亚(2009)针对员工在技术创新中的"利益"与"权力"界定了具体的内容,并进一步开发了 2×2 的测量量表。本书整合 Rothwell(1985)、周国红和陆立军(2002)以及盛亚(2009)相关研究成果并结合本书多案例环节的相关研究成果,最终设计创新政策作用于员工"利益—权力"体现的量表如表 6-11,共计 4 个题项,分属于"利益"或"权力"范畴。

表 6-11　创新政策作用于员工"利益—权力"体现的测量题项设计

题项内容"您认为,现有政府出台的……"	政策范畴	"利益—权力"范畴
Q1.政府出台的专利分配政策,有利于保障职务发明人的个人收益	人力资源	利益范畴
Q2.政府提供的各类培训服务,有利于提高个人的创新能力	人力资源	权力范畴
Q3.政府针对个人职务发明提供物质奖励,对个人而言具有吸引力	人力资源	利益范畴
Q4.政府针对个人的人才工程、评优评先类措施,有利于提高该研发人才在研发中的地位与作用	人力资源	权力范畴

本书结合 Baysinger 等(1991)、吴建峰等(2007)以及盛亚(2009)的研究,设计出针对员工群体技术创新资源投入测量的相关量表,见表 6-12。

表6-12　员工创新资源投入测量量表

Q1.对于我而言,我投入个人资源,提高与工作相关的职业技能与创新素质
Q2.对于我而言,我投入工作额外的时间,参与企业创新活动
Q3.对于我而言,在收益未知的情况下,我愿意先付出以参加到企业创新活动中去

3.合作者题项设计

合作者指为企业技术创新活动提供服务或资源的外部研发单位。根据多案例分析结果与研究假设,本书针对合作者群体的题项设计需要嵌入供给政策、环境政策与需求政策的政策情景中。进一步分析显示,影响合作者群体在技术创新活动中"利益"与"权力"内容体现的具体政策类别包括信息支持、技术支持、租税优惠、法规管制以及采购与外包等。因此,在针对合作者群体的相关题项设计中,需要嵌入上述的子类政策情景。Rothwell(1985)指出,通过提供产业信息、技术辅导与咨询能够提高企业整合外部创新资源与技术创新扩散的效率;盛亚(2008,2009)针对合作者在技术创新中的"利益"与"权力"界定了具体的内容,并进一步开发了2×2的测量量表。本书整合上述相关研究成果,最终设计出创新政策作用于合作者"利益—权力"体现的量表如表6-13,共计9个题项,分属于"利益"或"权力"范畴。

表6-13　创新政策作用于合作者"利益—权力"体现的测量题项设计

题项内容"现有政府出台的……"	政策范畴	"利益—权力"范畴
Q1.……提供国内外产业信息措施,有利于提高本单位产学研收益水平	信息支持	利益范畴
Q2.……提供企业研发需求信息,有利于提高本单位产学研收益水平	信息支持	利益范畴
Q3.……专利、仲裁政策,有利于保障本单位在对外合作过程中的合法权益	法规管制	利益范畴
Q4.……针对技术转让与扶持的相关政策,有利于提高本单位创新能力	技术支持	权力范畴

题项内容"现有政府出台的……"	政策范畴	"利益—权力"范畴
Q5.……为技术成果转让提供的金融扶持(如融资、补助等),有利于降低本单位在合作期间的技术创新成本	租税优惠	利益范畴
Q6.……政府为技术成果转让而出台的租税减免,有利于提高本单位技术创新收益水平	租税优惠	利益范畴
Q7.……针对技术成果转让出台的专利保护,有利于保障合作期间本单位的合法收益	法规管制	利益范畴
Q8.……提供的外包合同或课题,有利于提高本单位创新收益水平	采购与外包	利益范畴
Q9.……提供的外包合同或课题,有利于提高本单位创新能力	采购与外包	权力范畴

本书结合谢园园等(2011)、Bonaccorsi 等(1994)以及盛亚(2009)等人的相关研究结果,设计出针对合作者技术创新资源投入的相关量表,见表6-14。

表6-14 合作者创新资源投入测量量表

Q1.……本组织愿意在合作项目中投入大量研发资源
Q2.……本组织重视与合作方的平台建设
Q3.……本组织重视对合作项目中技术人员的培训
Q4.……本组织重视与合作方信息共享与相互学习

4.股东

根据前文阐述,股东是企业技术创新活动最重要与最直接的利益相关者,因此,本书借鉴 Freeman(2010)、盛亚(2009,2013)等人的研究思路,从企业层面界定与开展针对股东的作用关系研究的量表设计。多案例研究结果显示,创新政策对股东的"利益—权力"内容体现具有广泛的影响,这符合现代创新政策以企业(股东)作为技术创新主体的设计原则。具体而言,技术支持、信息支持、法规管制影响股东(企业)的利益与权力;而资金支持、公共服务、财务金融、租税政策、策略性措施、政府采购、外包以及贸易管制等政策措施影响股东(企业)的利益;而鼓励设立海外机构的政策措施影响股东(企业)的权力。根据上述研究结果,将股东群体的题项设计嵌入具体的政策情景中。Rothwell(1985)指出,通过供给、环境与需求三维度的系统政策设计对企业(股东)技术创新投入与技术创新绩效具有激励作用。盛亚(2008,2009)针对股东在技术创新中的"利益"与"权力"界定了具体的内容,并进一步开发了 2×2 的测量量表。本书整合相关研究成果,最终设计出创新政策作用股东"利益—权力"体现的量表,如表 6-15,共计 21 个题项,分属于"利益"或"权力"范畴。

表 6-15　创新政策作用于股东"利益—权力"体现的测量题项设计

题项内容"现有政府出台的……"	政策范畴	"利益—权力"范畴
Q1.……为企业提供的基础科研设施建设经费,有利于降低本企业的技术创新风险	技术支持	利益范畴
Q2.……技术咨询、技术辅导以及鼓励技术引进等政策,有利于提高本企业的技术创新绩效	技术支持	利益范畴
Q3.……技术转让或扶持政策,有利于提高本企业的创新能力	技术支持	权力范畴
Q4.……提供国内外产业信息,有利于提高本企业的技术创新绩效	信息支持	利益范畴
Q5.……提供国内外产业信息,有利于提高本企业在行业中的技术竞争力	信息支持	权力范畴
Q6.……为企业技术创新提供直接资金支持,有利于提高本企业的技术创新收益	资金支持	利益范畴
Q7.……针对企业技术创新所出台的土地、租税等优惠政策,有利于提高本企业的技术创新绩效	租税政策	利益范畴
Q8.……针对企业技术创新所出台的融资政策,有利于提高本企业的技术创新绩效	财务金融	利益范畴
Q9.……通过减少行政审批、提高行政效率,有利于提高本企业的技术创新绩效	公共服务	利益范畴
Q10.……专利保护策略,有利于保障本企业正当的创新收益	法规管制	利益范畴
Q11.……专利保护策略,有利于提高本企业的技术创新能力	法规管制	权力范畴
Q12.……推动产业技术标准的制定、推广、仲裁的措施,有利于降低企业的技术创新风险	策略性措施	利益范畴
Q13.……推动产业技术标准的制定、推广、仲裁的措施,有利于提高企业自身的技术创新能力	策略性措施	权力范畴
Q14.……鼓励区域内企业的合并或联盟与龙头企业的发展,有利于提高企业的技术创新绩效	策略性措施	利益范畴

题项内容"现有政府出台的……"	政策范畴	"利益—权力"范畴
Q15.……鼓励区域内企业的合并或联盟与龙头企业的发展，有利于提高企业的技术创新能力	策略性措施	权力范畴
Q16.……政府采购活动，有利于提高本企业的技术创新收益	政府采购	利益范畴
Q17.……政府提供研发或产品外包需求，有利于提高本企业的技术创新绩效	服务外包	利益范畴
Q18.……政府提供研发或产品外包需求，有利于提升本企业的技术创新能力	服务外包	权力范畴
Q19.……政府对国外（区域外）产品的贸易限制措施，有利于企业创新产品的收益提高	贸易管制	利益范畴
Q20.……政府鼓励企业在海外（区域外）设立研发中心的政策，有利于提升本企业的技术创新能力	海外机构	权力范畴
Q21.……完备的创新配套公共服务（如交通、通讯、专业咨询服务机构等），有利于提高本企业的技术创新绩效	公共服务	利益范畴

本书结合周国红等（2002a，2002b）、冯根福等（2008）以及盛亚（2009）的相关研究结果，设计出针对股东对技术创新资源投入的相关量表，见表6-16。

表6-16　股东创新资源投入测量量表

Q1:作为企业股东，我注重技术创新活动中的资源投入
Q2:作为企业股东，我注重技术创新活动中内部平台的建设
Q3:作为企业股东，我注重创新人员的引进与培训
Q4:作为企业股东，我重视本企业与组织外部的信息共享、知识获取与合作达成
Q5:作为企业股东，我重视推动企业创新文化的培养
Q6:作为企业股东，我注重推动本企业对外部技术的引进、消化与吸收

5.控制变量

本研究引入的控制变量包括技术创新发展阶段与行业，现分别针对这两个变量说明其测量方法。

（1）技术发展阶段

借鉴李伟铭等（2008）、盛亚（2009）等人的研究成果，本研究对技术发

展阶段这一控制变量的测量,采用如下题项予以测量:

您认为贵组织在行业内的技术水平处于:

□一般 □国内先进 □国内领先 □国际领先

样本量表调查结果通过 1—4 分予以转换标识,1—4 分别对应一般、国内先进、国内领先与国际领先四个选项。

(2)行业

本研究引入行业作为控制变量,具体采用盛亚(2009)的行业分类方法,将样本划分为包括医疗卫生、冶金矿产、石油化工以及其他等十个行业类别。考虑到该分类方法类别过多,可能会造成研究难度的增加与研究结论解释力的下降。本书借鉴 Robson 的研究成果,将盛亚分类结果进一步进行降维处理,将其中与 Robson 模型中所谓"核心部门"所对应的行业样本,统一界定为"一类行业",标识为分类变量"1";对其中与 Robson 模型中所谓"第二级部门"所对应的行业样本,统一界定为"二类行业",标识为分类变量"2";由于 Robson 模型中所谓"使用者部门"很大程度特指"服务性行业",因此不予考虑;最后,将标识为"其他"的行业样本统一界定为"三类行业",标识为分类变量"3"。

(三)创新政策中利益相关者的"利益—权力"对称度测量

利益相关者的"利益—权力"对称度是具体创新政策情境下创新政策作用于各利益相关者"利益—权力"体现的结构对称程度。针对"利益—权力"对称度的测量,理论界的一贯做法是计算"利益"与"权力"二者差值的绝对值,因而该变量的测度实际上是对利益相关者"利益"和"权力"的测量。本研究参考 Jan Terje Karlsen(2002)、盛亚与王节祥(2013)所使用的计算方法测量调查样本在"利益—权力"体现结构上的对称度水平。具体而言,本研究首先对各利益相关者样本在"利益"与"权力"维度分别进行降维处理,计算出该样本分别在"利益"与"权力"维度上的得分,而后通过公式"'利益—权力'非对称度= ABS(利益—权力)"计算其"利益—权力"不对称性,即"利益"减"权力"差值的绝对值;其次,进行数据转换,将利益相关者样本的不对称度数据转换为对称度数据。具体而言,由于"利益"与"权力"维度的得分测量均采用 5 份里克特量表。因此,样本的"利益—权力"的不对称度 d 整体体现为居于 0—4 分布区间的一组数列,借鉴马克斯威尔(2007)的数据转换方法,对其进行(N+1)-d 数据转换处理,其中 N 为转换前数列的最大值 4。数据转换获得利益相关者样本的"利益—权力"对称度数字 D,最高为 5 分、最低为 1 分,体现为利益相关者样本的"利益—权力"对称度水平。

第三节　调查实施

形成正式问卷题项后,本研究结合研究目的和研究层次要求,遵循科学的抽样程序,开展了大规模调研;之后,对样本的基本情况进行描述,并对少量缺失值进行了适当处理,为后继工作的开展提供分析基础。

一、抽样方法确定

遵循科学的抽样程序是保证科学研究结论有效性的关键环节。本研究的样本调研根据标准化抽样程序(荣泰生,2005),围绕研究母体、抽样架构、抽样方法及样本规模四方面内容展开具体讨论。

二、定义母体

本研究具体调查对象包括合作者、高管、员工以及股东四个利益相关者群体。因此,本研究对调查对象母体的定义包括两方面的内容:第一,利益相关者嵌入技术创新情景的身份限定;第二,具体利益相关者的样本标准。由于本研究的具体研究情景是企业技术创新,因此,调查对象首先应是嵌入技术创新情景下的企业利益相关者主体,即应是从事与技术创新关联的工作与实践的企业利益相关者或创新网络成员,这是对抽样样本选取的范围界定;其次,在具体抽样过程中,还应形成针对抽样样本的明确且具体的样本角色与程度属性标准,即需要予以具体、清晰、可操作的身份界定。本研究借鉴盛亚(2009)、盛亚与王节祥(2013)等人的研究成果,将相关研究母体定义如表6-17。

表 6-17　相关调查样本的母体界定

利益相关者名称	范围界定	身份界定
合作者	为企业技术创新提供服务的独立研发机构、大学高校、信息服务、科研中介与人才培养机构	在研或已完成合作项目负责人①
高管	具有技术研发需求与实践的制造类或技术类企业高管,具体行业包括医疗卫生、冶金矿产、石油化工、交通运输、信息产业、机械机电、环保绿化、电子电工与办公文教等	企业研发负责人(研发经理或副经理)或分管研发环节的部门经理以上人员
员工	具有技术研发需求与实践的制造型或技术类企业的研发性员工	企业研发部内普通研发人员
股东	具有技术研发需求与实践的制造类或技术类企业股东	企业内拥有股权或股份期权的员工或高管

三、问卷发放与回收

由于存在客观上的调研实施难度,因此,本研究主要采取理论抽样与方便抽样相结合的方法进行样本抽样。具体而言,首先,本研究通过广泛的人际渠道,对浙江省杭州、宁波、舟山、温州以及金华五地的 16 所高校与 11 所独立研究机构发放了合作者问卷与部分的员工问卷。在方便抽样基础上,一定程度保障了样本的代表性。其次,本研究通过浙江省科技厅向省内具有一定代表性的技术中介、专利代理与信息服务机构发放了部分的合作者问卷,以补充合作者样本的代表性、完备性。再次,依据样本母体界定标准,通过浙江大学与浙江工商大学管理学院 MBA 班教职人员选择性地向部分在校 MBA 发放高管与部分员工问卷。最后,通过浙江省中小企业局对省内

---

① 合作机构普遍采用项目负责制的方式开展与企业的技术创新合作,而不同项目因合作背景、项目特征以及协作水平不同,项目合作方对政策的感知情况存在差异性,因此,本研究将具体调研母体定位为研发机构中在研或已完成合作项目负责人而非研发机构法人,具有研究上的效度保障。

创新政策的测量、评价与创新

高新技术企业发放部分针对股东、高管以及员工的调查问卷。为了提高回收问卷质量,除了问卷的针对性设计①以外,本研究采取政府推荐对象②与企业内部推荐③相结合的方式选取调研对象,本研究最终共选取了66家企业样本实施调查。

本环节的问卷发放与回收于2012年10月中旬至2013年3月中旬进行,历时5个月。剔除回收问卷中存在明显瑕疵的问卷,并对部分问卷中少量的缺省值赋予全样本的均值处理,最终共获得各利益相关者调查样本如表6-18:

表6-18　创新政策作用过程研究样本基本信息汇总④

名称	有效样本	剔除样本	名称	有效样本	剔除样本	名称	有效样本	剔除样本	名称	有效样本	剔除样本
高管	102	13	员工	105	32	合作者	78	22	股东	97⑤	14
行业	一类部门	28	行业	一类部门	32	行业	一类部门	18	行业	一类部门	31
	二类部门	53		二类部门	36		二类部门	45		二类部门	40
	其他部门	21		其他部门	57		其他部门	15		其他部门	26

————————

①　具体设计内容与措施见本章"问卷设计过程"环节的阐述。

②　鉴于本研究的调研难度,本研究通过人际渠道向相关政府工作人员索取"推荐调研对象"名单,这些调研对象往往与相关政府工作人员具有一定人际关系或以往调研合作经历,以进一步保障调研回收问卷的质量。

③　在推荐调研实施达成后,本研究通过人际渠道要求(鼓励)被测对象在组织内针对不同的利益相关者主体进行内部推荐调研并发放相应的调查问卷,以获取该企业样本下不同利益相关者群体样本的调查数据。

④　有效样本数大于抽样企业、高校与研究机构数量,因单个的企业、高校与研究机构内部具有在四种利益相关者主体上的多样分布,即一个企业(高校或研究机构)内可能存在多个股东、高管、员工或者合作机构样本,这与作用路径模型检验的调查实施相同。

⑤　调研企业样本中有较大比例的中小高新技术企业,其股权分散特征为本研究带来一定的股东群体样本数。

122

续表

名称	有效样本	剔除样本	名称	有效样本	剔除样本	名称	有效样本	剔除样本	名称	有效样本	剔除样本
技术水平	国际领先	14	技术水平	国际领先	12	技术水平	国际领先	4	技术水平	国际领先	12
	国内领先	22		国内领先	16		国内领先	18		国内领先	27
	国内先进	41		国内先进	28		国内先进	29		国内先进	35
	一般	35		一般	49		一般	28		一般	23

第四节　数据分析

本环节数据统计与假设检验的基本思路如下:第一,对各利益相关者问卷的各题项得分进行描述性统计,掌握数据的整体质量与分布情况。第二,通过因子分析的方法,针对合作者、高管、员工与股东四个群体,分别开展创新政策作用于其"利益"与"权力"内容体现的降维操作,理由是:首先,各利益相关者在"利益"与"权力"维度中存在广泛性的、差异性的内涵(Freeman,1984;盛亚,2009)。因此,通过降维处理进而从整体上来明确其维度结构情况。其次,创新政策作用于利益相关者的"利益"或"权力"内容体现,对于利益相关者而言是一个整体的概念,即利益相关者往往从整体上把握与认知政策对其"利益"与"权力"内容体现的作用程度。因此,可以通过降维处理对其体现程度进行整体的把握。最后,可以进一步剔除与净化量表中可能的交叉条款。第三,通过因子分析的方法,对各利益相关者"创新资源投入"进行降维操作,在进一步把握维度整体结构的同时降低研究难度。第四,基于政策作用于利益相关者"利益"与"权力"体现的统计结果,进一步计算政策作用于利益相关者"利益—权力"体现的结构对称度。第五,引入控制变量,以创新政策作用于利益相关者的"利益"与"权力"体现与"利益—权力"对称度为自变量,以利益相关者"创新资源投入"为因变量,进行逐步回归分析,以验证相关研究假设。第六,对研究假设的检验结果进行汇总,获得创新政策与利益相关者创新资源投入间作用关系的最终结论。

一、高管

(一)问卷题项描述性统计结果

针对 102 个高管样本问卷题项的描述性统计结果见表 6-19。

表 6-19　高管测量题项描述性统计结果汇总

题项	样本数	最小值	最大值	均值	标准差
Q1	102	1.00	5.00	3.98	0.78
Q2	102	1.00	5.00	3.63	0.65
Q3	102	1.00	5.00	3.93	0.66
Q4	102	1.00	5.00	4.16	0.67
Q5	102	1.00	5.00	3.86	0.70
均值		1.00	5.00	3.91	

从表 6-19 可以看出,高管样本中 5 个题项中整体体现均值为 3.91 的统计结果,说明高管样本对创新政策作用于自身的"利益—权力"内容持正面态度。其中,针对高管利益范畴的人力资源政策 Q1 题项("人才引进政策能发挥对中高端人才的吸引")与 Q2 题项("针对个人的专利分配政策,保护职务发明人的个人权益")以及 Q4 题项("针对个人职务发明(或企业创新绩效),政府为个人(或高管)提供奖励")表现为均值为 $M_1 = 3.98$、$M_2 = 3.637$ 与 $M_4 = 4.16$ 的统计结果,这说明人力资源政策相关条款对高管的"利益"内容具有显著正面影响;针对高管权力范畴的人力资源政策体现 Q3("各类培训服务对个人创新(管理)能力提高")与 Q5("出台或组织针对个人的人才工程、评优评先类措施,提高高级人才在研发中的地位与作用")表现为均值 $M_3 = 3.93$ 与 $M_5 = 3.86$ 的统计结果,这说明人力资源政策相关条款对高管的权力内容具有显著的正面影响。整体而言,表 6-19 显

示的描述性统计结果为多案例研究结论中高管所对应的特征性创新政策作用路径以及高管群体问卷题项开发的信效度均提供了证据上的支持。

(二)高管"利益"维度的降维操作

根据研究内容与设计要求,采用探索性因子分析对高管的"利益"范畴题项进行降维操作,具体过程如下:首先进行因子分析样本量判断,一般而言,因子分析样本量至少是测量条款数量的 3—5 倍或更多(张文彤,2004)。本研究高管"利益"体现程度的测量条款共 3 条,而高管共抽样有效样本达 102 份,有效样本量与测量条款数量比值为 34∶1,符合因子分析对样本量的要求;其次,通过 SPSS 工具对各测量题项进行 Bartlett 球体检验和 KMO 检验(马庆国,2002),以判断测量题项是否适合进行因子分析。马庆国(2002)指出 KMO 在 0.9 以上,非常适合;0.8—0.9,很适合;0.7—0.8,适合;0.6—0.7,不太适合;0.5—0.6,勉强适合;0.5 以下,不适合。对高管样本"利益"体现的各测量题项进行 Bartlett 球体检验和 KMO 检验结果显示,KMO 检验值为 0.701,且 Bartlett 球体检验的显著性统计值为 0.000。因此,本研究样本适合进行因子分析。进一步采用主成分分析法进行因子提取,采用方差最大法作为因子旋转的方法,保留特征值大于 1 的因子,获得一个公共因子,共累计解释方差 66.766% 的变异,超过满足科学研究的 50% 要求(马庆国,2002),可进行下一步分析。对各题项的 Cronbach'α 系数检验结果显示为 0.912,体现了较高的内部一致性。

整体而言,本研究问卷设计体现了较高的信效度水平。本研究将该公共因子命名为高管的"利益"作用,具体得分为各题项加总后的均值①,其描述性统计结果见表 6-20。

表 6-20　高管"利益"作用程度描述性统计结果

变量名称	样本量	最小值	最大值	均值	标准差
"利益"作用	102	1.00	5.00	3.92	0.59

① $M = \sum\limits_{i=1}^{n}(M_1 + \cdots M_i)/n$。

（三）高管"权力"维度的降维操作

根据研究内容与设计要求，采用探索性因子分析对高管的"权力"范畴题项进行降维操作。对各测量题项进行 Bartlett 球体检验和 KMO 检验，检验结果显示，其 KMO 系数为 0.684，且 Bartlett 球体检验的显著性统计值为 0.000，说明样本适合进行因子分析；其次，进一步采用主成分分析法进行因子提取，采用方差最大法作为因子旋转的方法，保留特征值大于 1 的因子，获得一个公共因子，共累计解释了 73.917% 的方差变异。对各题项的 Cronbach'α 系数检验结果显示为 0.696，体现了较高的内部一致性。

整体而言，本研究问卷设计体现了较高的信效度水平。本研究将该公共因子命名为高管的"权力"作用程度，具体得分为各题项加总后的均值，其描述性统计结果见表 6-21。

表 6-21 高管"权力"作用程度描述性统计结果

变量名称	样本量	最小值	最大值	均值	标准差
"权力"作用	102	1.00	5.00	3.89	0.56

（四）高管创新资源投入的降维操作

根据研究内容与设计要求，采用探索性因子分析对合作者的技术创新资源投入题项进行降维操作。首先，因子分析样本量分析显示，有效样本量与测量条款数量比值为 34∶1（102∶3），符合因子分析对样本量的要求；其次，对各测量题项进行 Bartlett 球体检验和 KMO 检验，检验结果显示，其 KMO 系数为 0.703，且 Bartlett 球体检验的显著性统计值为 0.000，说明样本适合进行因子分析；再次，进一步采用主成分分析法进行因子提取，采用方差最大法作为因子旋转的方法，保留特征值大于 1 的因子，获得一个公共因子，共累计解释了 76.781% 的方差变异。对各题项的 Cronbach'α 系数检验结果显示为 0.848，体现了较高的内部一致性。

整体而言，本研究问卷设计体现了较高的信效度水平。本研究将该公共因子命名为高管的"创新资源投入",具体得分为各题项加总后的均值,其描述性统计结果见表6-22。

表6-22　高管"创新资源投入"行为的描述性统计结果

变量名称	样本量	最小值	最大值	均值	标准差
创新资源投入	102	1.00	5.00	4.11	0.62

(五)高管"利益—权力"对称度测量

根据研究设计,高管"利益—权力"对称性测量采取以下措施:首先,将高管样本的"利益"得分减去"权力"得分,获得不对称值;其次,就不对称值进行绝对值处理,获得不对称值d;最后,对不对称值d进行(6-d)数据转化操作,获得合作者"利益—权力"对称性程度的最终值。对本研究合作者的对称程度测量结果如表6-23。

表6-23　高管"利益—权力"对称度的描述性统计结果

变量名称	样本量	最小值	最大值	均值	标准差
"利益—权力"对称度	102	3.00	5.00	4.01	0.24

从表6-23可以看出,创新政策中高管的"利益—权力"对称性体现均值为4.01的均值分布。因此,从整体而言,现有创新政策对于高管具有一定程度的不对称影响,进一步比较合作者在"利益"与"权力"维度上的统计均值,可以看出创新政策作用于合作者的"利益"体现整体大于"权力"体现。

(六)多元线性回归与假设检验

表6-24列出了高管样本相关变量间的相关系数矩阵,因变量与自变量均为连续变量,采用Person相关回归方法。

表 6-24　高管群体各研究变量间的相关系数统计表

变量	均值	SD	创新资源投入	"利益"作用	"权力"作用	政策"利益—权力"对称度
创新资源投入	4.11	0.62	1	0.32**	0.43**	0.10*
"利益"作用	3.92	0.59	0.32**	1	0.32**	0.17**
"权力"作用	3.89	0.56	0.43**	0.32**	1	0.19
"利益—权力"对称度	4.01	0.24	0.13*	0.17**	0.08	1

注:†p<0.1;* p<0.05;** p<0.01。

由表 6-24 可以看出,自变量利益作用程度、权力作用程度与"利益—权力"对称程度间并不存在高水平上的显著性相关($r \leq 0.32$),因此,"多重共线性"问题并不严重,可以接受。表 6-25 列出了因变量与多自变量之间的最小二乘法回归分析结果,回归采用逐步回归法。

表 6-25　高管群体多变量逐步回归统计表

变量	模型 1	模型 2	模型 3	模型 4
控制变量				
技术水平	0.14			
行业	0.24			
自变量				
"利益"作用		0.43**	0.32**	0.29*
"权力"作用			0.23**	0.20**
"利益—权力"对称度				0.11*
调整后 R^2		0.29*	0.35*	0.37*

注:†p<0.1;* p<0.05;** p<0.01。

模型 1 显示了控制变量技术水平、行业相对高管创新资源投入的回归分析,回归结果显示技术水平与行业在创新政策对高管的作用过程中作用不显著。模型 2 引入了合作者的"利益作用程度"变量,整体回归结果在统计上是显著的,调整后模型 R^2 为 0.29,模型的解释性得到了显著的提高,也就是说,创新政策中高管的"利益"作用程度对其创新资源投入具有正面影响,因此,假设 H4a 得到了验证。模型 3 引入利益相关者的"权力"作用程度变量,整体回归结果在统计上是显著的,调整后 R^2 由原有的 0.29 增加到 0.35,解释性获得了显著提高,也就是说,创新政策中针对高管的"权力"作用程度对其创新资源投入具有正面影响,因此,假设 H5a 得到了验证。模型 4 引入创新政策中高管的"利益—权力"体现对称度,调整后模型 R^2 为 0.37,与模型 3 相比,解释度获得了提高,因此,假设 H6a 获得支持。

二、员工

(一)问卷题项描述性统计结果

针对 105 个员工样本问卷题项的描述性统计结果见表 6-26。

表 6-26　员工测量题项描述性统计结果汇总

题项	样本数	最小值	最大值	均值	标准差
Q1	105	1.00	5.00	3.70	0.74
Q2	105	1.00	5.00	3.38	0.87
Q3	105	1.00	5.00	3.97	0.62
Q4	105	1.00	5.00	3.29	0.61
均值		1.00	5.00	3.58	

从表 6-26 可以看出,抽样样本在 4 个题项中,整体体现均值为 3.58 的统计结果,说明员工对创新政策影响自身"利益—权力"内容持正面态度。其中,针对员工利益范畴的人力资源政策 Q1 题项("针对个人的专利分配政策,保护职务发明人的个人权益")以及 Q3 体现("针对个人职务发明(或企业创新绩效),政府为个人(或员工)提供相应的奖励")表现为均值为 $M_1 = 3.70$、$M_3 = 3.97$ 的统计结果,这说明人力资源政策条款对员工的"利益"内容整体体现显著正面作用。针对员工权力范畴的人力资源政策体现 Q2("各类培训服务,有利于个人创新能力提高")与 Q4("出台或组织针对个人的人才工程、评优评先类措施,有利于提高该员工在研发过程中发挥更大作用")表现为均值 $M_3 = 3.38$ 与 $M_5 = 3.29$ 的统计结果,这说明人力资源

政策条款对员工的权力内容具有显著的正面作用。表 6-26 显示的描述性统计结果为多案例研究结论中员工所对应的特征性创新政策作用路径以及员工群体问卷题项开发的信效度均提供了证据上的支持。

（二）员工"利益"维度的降维操作

根据研究内容与设计要求，采用探索性因子分析对员工的"利益"范畴题项进行降维操作，本研究合作者利益内容的测量条款共计 2 条，而员工共抽样有效样本达 105 份，符合因子分析对样本量的要求。对各测量题项进行 Bartlett 球体检验和 KMO 检验结果显示，KMO 检验值为 0.705，且 Bartlett 球体检验的显著性统计值为 0.000。因此，本研究样本适合进行因子分析。进一步采用主成分分析法进行因子提取，采用方差最大法作为因子旋转的方法，保留特征值大于 1 的因子，获得一个公共因子，共累计解释了 77.516% 的方差变异，达到科学研究要求。对各题项的 Cronbach' α 系数检验结果显示为 0.854，体现了较高的内部一致性。

整体而言，本研究问卷设计体现了较高的信效度水平。本研究将该公共因子命名为员工的"利益"作用，具体得分为各题项加总后的均值，其描述性统计结果见表 6-27。

表 6-27　员工"利益"作用程度描述性统计结果

变量名称	样本量	最小值	最大值	均值	标准差
"利益"作用	105	1.00	5.00	3.84	0.85

（三）员工"权力"维度的降维操作

根据研究内容与设计要求，采用探索性因子分析对员工的"权力"范畴题项进行降维操作。对各测量题项进行 Bartlett 球体检验和 KMO 检验，检验结果显示，其 KMO 系数为 0.552，且 Bartlett 球体检验的显著性统计值为 0.000，说明样本适合进行因子分析；其次，进一步采用主成分分析法进行因子提取，采用方差最大法作为因子旋转的方法，保留特征值大于 1 的因子，获得一个公共因子，共累计解释了 81.173% 的方差变异。对各题项的 Cronbach'α 系数检验结果显示为 0.767,体现了较高的内部一致性。

　　整体而言,本研究问卷设计体现了较高的信效度水平。本研究将该公共因子命名为员工的"权力"作用,具体得分为各题项加总后的均值,其描述性统计结果见表 6-28。

表 6-28　员工"权力"作用程度描述性统计结果

变量名称	样本量	最小值	最大值	均值	标准差
"权力"作用	105	1.00	5.00	3.33	0.829

（四）员工创新资源投入的降维操作

　　根据研究内容与设计要求,采用探索性因子分析对员工的创新资源投入进行降维操作。首先,因子分析样本量分析显示,有效样本量与测量条款数量比值为 35:1,符合因子分析对样本量的要求;其次,对各测量题项进行 Bartlett 球体检验和 KMO 检验,检验结果显示,其 KMO 系数为 0.758,且 Bartlett 球体检验的显著性统计值为 0.000,说明样本适合进行因子分析;再次,进一步采用主成分分析法进行因子提取,采用方差最大法作为因子旋转的方法,保留特征值大于 1 的因子,获得一个公共因子,共累计解释了 85.890% 的方差变异。对各题项的 Cronbach'α 系数检验结果显示为 0.918,体现了较高的内部一致性。

　　整体而言,本研究问卷设计体现了较高的信效度水平。本研究将该公共因子命名为员工的"创新资源投入",具体得分为各题项加总后的均值,其描述性统计结果见表 6-29。

表 6-29　员工"创新资源投入"行为的描述性统计结果

变量名称	样本量	最小值	最大值	均值	标准差
创新资源投入	105	1.00	5.00	3.77	0.80

（五）员工"利益—权力"对称度测量

　　根据研究设计,员工"利益—权力"对称性测量采取以下措施:首先,将员工样本的"利益"得分减去"权力"得分,获得不对称值;其次,就不对称值进行绝对值处理,获得不对称值 d;最后,对不对称值 d 进行(6-d)数据转化操作,获得员工"利益—权力"对称性程度的最终值 D。对员工的"利益—权力"的对称程度测量结果见表 6-30。

表6-30　员工群体创新政策中"利益—权力"对称度描述统计结果

变量名称	样本量	最小值	最大值	均值	标准差
"利益—权力"对称度	105	2.50	5.00	4.35	0.31

从表 6-30 可以看出,创新政策中员工的"利益—权力"对称性体现均值为 4.35 的均值分布。因此,从整体而言,现有创新政策对于员工群体具有一定程度的不对称影响,进一步比较合作者在"利益"与"权力"维度上的统计均值,可以看出创新政策对员工群体的"利益"体现整体大于"权力"体现。

(六)多元线性回归与假设检验

表 6-31 列出了员工样本相关变量间的相关系数矩阵,因变量与自变量均为连续变量,采用 Person 相关回归方法。

表6-31　员工群体研究中变量相关系数分析统计表

变量	均值	SD	创新资源投入	"利益"作用	"权力"作用	政策"利益—权力"对称度
创新资源投入	3.77	0.80	1	0.46**	0.31**	0.13*
"利益"作用	3.84	0.85	0.46**	1	0.26**	0.17
"权力"作用	3.33	0.83	0.31**	0.26**	1	0.19*
"利益—权力"对称度	4.35	0.32	0.13*	0.17	0.19*	1

注:†$p<0.1$;* $p<0.05$;** $p<0.01$。

由表 6-31 可以看出,自变量"利益"作用程度、"权力"作用程度与"利益—权力"对称程度间并不存在高水平上的显著性相关($r \leqslant 0.26$),因此,

"多重共线性"问题并不严重,可以接受。表6-32列出了因变量与多自变量之间的最小二乘法回归分析结果,回归采用逐步回归法。

表6-32　员工群体多变量逐步回归统计表

变量	模型1	模型2	模型3	模型4
控制变量				
技术水平	0.09*	0.06		
行业	0.10			
自变量				
"利益"作用		0.41**	0.39**	0.33*
"权力"作用			0.21**	0.25**
政策"利益—权力"对称度				0.11*
调整后 R^2	0.03*	0.23*	0.34*	0.38*

注:†p<0.1;∗p<0.05;∗∗p<0.01。

模型1显示了控制变量技术水平、行业与员工创新资源投入关系的回归分析,回归结果显示技术水平在创新政策对员工的作用过程中发挥一定的作用,这可能与员工群体在技术水平高低、任务挑战性等情境下的自我激励有关(张术霞等,2011;刘武,2001)。模型2引入了员工的"利益"作用程度变量,整体回归结果在统计上是显著的,调整后模型 R^2 为0.23,模型的解释性得到了显著的提高,即员工的"利益"作用程度对其创新资源投入具有正面影响,因此,假设H4b得到了验证。模型3引入利益相关者的"权力"作用程度变量,整体回归结果在统计上是显著的,调整后 R^2 由原有的0.23增加到0.34,解释性获得了显著提高,也就是说,合作者的"权力"作用程度对其创新资源投入具有正面影响,因此,假设H5b得到了验证。模型4增加"利益—权力"对称度,调整后模型 R^2 为0.38,与模型3相比,解释度获得了提高,同时"利益—权力"对称度与因变量创新投入的回归系数的显著性sig值<0.05,因此,假设H6b获得部分支持。

三、合作者

(一)问卷题项描述性统计结果

针对 78 个合作者样本问卷题项的描述性统计结果见表 6-33。

表 6-33　合作者测量题项描述性统计结果汇总

题项	样本数	最小值	最大值	均值	标准差
Q1	78	1.00	5.00	3.93	1.03
Q2	78	1.00	5.00	3.82	0.91
Q3	78	1.00	5.00	3.65	1.03
Q4	78	1.00	5.00	3.46	0.98
Q5	78	1.00	5.00	4.03	0.96
Q6	78	1.00	5.00	4.08	0.98
Q7	78	1.00	5.00	3.89	0.97
Q8	78	1.00	5.00	4.11	0.97
Q9	78	1.00	5.00	3.21	0.95
均值		1.00	5.00	3.79	

从表 6-33 可以看出,抽样样本在 9 个题项中,整体体现均值为 3.79 的统计结果,说明合作者对创新政策影响自身"利益—权力"内容持正面态度。其中,信息支持类政策的 Q1 题项("国内外产业信息,提高产学研的收益水平")与 Q2 题项("企业研发需求信息,提高产学研收益")表现为均值 $M_1 = 3.93$ 与 $M_2 = 3.82$ 的统计结果,这说明信息支持政策条款对合作者的利益内容具有显著的正面作用;针对技术支持类政策的 Q4 题项("针对技术转让与扶持的相关政策,提高创新能力")表现为均值 $M_总 = 3.46$ 的统计结果,这说明技术支持政策条款对合作者的权力内容具有显著的正面影响。

针对租税优惠政策的 Q5 题项("政府为技术成果转让提供的金融扶持(如融资、补助等),降低合作期间本单位技术创新的成本")与 Q6 题项("政府为技术成果转让而出台的租税减免,提高本单位技术创新的收益水平")表现为均值 $M_5 = 4.03$ 与 $M_6 = 4.08$,说明租税优惠政策条款对合作者的利益内容具有显著的正面影响;针对法规管制的政策题项 Q3("专利、仲裁政策有助于在合作期间保障本单位的收益")与 Q7("政府针对技术成果转让出台的专利保护,有利于在合作期间保障本单位合法收益")的统计显示为均值 $M_3 = 3.65$ 与 $M_7 = 3.89$,说明法规管制政策条款对合作者的利益内容具有显著的正面影响。

针对政府采购与外包政策条款的 Q8("政府为企业提供的外包合同或课题,有利于企业创新收益水平的提高")、Q9("政府提供的外包合同或课题,有利于本单位创新能力的提高")题项分别对应合作者的"利益"与"权力"内容,统计结果显示呈均值 $M_8 = 4.12$ 与 $M_9 = 3.21$ 的分布。整体而言,表6-33 显示的描述性统计结果为多案例研究结论中合作者所对应的特征性创新政策作用路径以及合作者群体问卷题项开发的信效度均提供了证据上的支持。

(二)合作者"利益"维度的降维操作

采用探索性因子分析方法对合作者政策"利益"范畴题项的 7 个题项进行降维操作。对各测量题项进行 Bartlett 球体检验和 KMO 检验结果显示,KMO 检验值为 0.844,且 Bartlett 球体检验的显著性统计值为 0.000,因此,本研究样本适合进行因子分析。进一步采用主成分分析法进行因子提取,采用方差最大法作为因子旋转的方法,保留特征值大于 1 的因子,获得一个公共因子,共累计解释了 65.767% 的方差变异。各题项间的 Cronbach' α 系数检验结果为 0.912,体现了较高的内部一致性。

整体而言,通过对合作者政策"利益"范畴题项的因子分析显示,7 个题项共降维成 1 个公共因子,对其一致性检验也体现出较高的内部一致性。统计结果显示本研究的问卷设计具有较高的信效度水平。因此,本研究将该公共因子命名为合作者"利益"作用,具体得分为各题项加总后的均值,其描述性统计结果见表6-34。

表6-34 合作者"利益"作用程度的描述性统计结果

变量名称	样本量	最小值	最大值	均值	标准差
"利益"作用	78	1.00	5.00	3.93	0.79

(三)合作者"权力"维度的降维操作

根据研究内容与设计要求,采用探索性因子分析对合作者的"权力"范畴题项进行降维操作。首先,因子分析样本量分析显示,有效样本量与测量条款数量比值为 39：1,符合因子分析对样本量的要求;其次,对各测量题项进行 Bartlett 球体检验和 KMO 检验,检验结果显示,其 KMO 系数为0.680,且 Bartlett 球体检验的显著性统计值为 0.000,说明研究一的样本适合进行因子分析;再次,进一步采用主成分分析法进行因子提取,采用方差最大法作为因子旋转的方法,保留特征值大于 1 的因子,进而完成探索性因子分析的整个操作过程,获得一个公共因子,共累计解释了 81.268%的方差变异;最后,对各题项进一步的 Cronbach's α 系数检验结果为 0.769,体现各题项间具有较高的内部一致性。

整体而言,针对合作者政策"权力"范畴题项的因子分析显示,2 个题项共降维成 1 个公共因子,对其一致性检验也体现出较高的内部一致性。这说明,本研究问卷设计具有较高的信效度水平,也体现了合作者群体对多样化的"权力"作用程度具有一致性认知。因此,本研究将该公共因子命名为合作者的"权力"作用,具体得分为各题项加总后的均值,其描述性统计结果见表6-35。

表6-35 合作者"权力"作用程度的描述性统计结果

变量名称	样本量	最小值	最大值	均值	标准差
"权力"作用	78	1.00	5.00	3.34	0.67

(四)合作者的创新资源投入降维操作

根据研究内容与设计要求,采用探索性因子分析对合作者的创新资源投入进行降维操作。首先,因子分析样本量分析显示,有效样本量与测量条款数量比值为 19.5∶1(78∶4),符合因子分析对样本量的要求;其次,对各测量题项进行 Bartlett 球体检验和 KMO 检验,检验结果显示,其 KMO 系数为 0.796,且 Bartlett 球体检验的显著性统计值为 0.000,说明研究一的样本适合进行因子分析;再次,进一步采用主成分分析法进行因子提取,采用方差最大法作为因子旋转的方法,保留特征值大于 1 的因子,共累计解释了 71.160% 方差变异;最后对各题项进一步的 Cronbach's α 系数检验结果为 0.864,体现各题项间具有较高的内部一致性。

整体而言,针对合作者技术创新资源投入的因子分析显示,4 个题项共降维成 1 个公共因子,对其一致性检验也体现出较高的内部一致性。这说明本研究问卷设计具有较高的信效度水平,也体现了合作者群体对多样化的资源投入行为上具有较一致认知。因此,本研究将该公共因子命名为合作者"资源投入",具体得分为各题项加总后的均值,其描述性统计结果见表 6-36。

表 6-36 合作者"创新资源投入"描述性统计结果

变量名称	样本量	最小值	最大值	均值	标准差
创新资源投入	78	1.00	5.00	3.60	0.75

(五)政策"利益—权力"对称度测量

根据研究设计,合作者"利益—权力"对称性测量采取以下措施:首先,将合作者样本的"利益"得分减去"权力"得分,获得不对称值;其次,就不对称值进行绝对值处理,获得不对称值 d;最后,对 d 进行(6-d)数据转化操作,获得合作者"利益—权力"对称度的终值 D。对本研究对合作者的对称程度测量结果见表 6-37。

表 6-37　合作者"利益—权力"对称度的描述性统计结果

变量名称	样本量	最小值	最大值	均值	标准差
"利益—权力"对称度	78	1.00	5.00	4.12	0.65

从表 6-37 可以看出,创新政策作用于合作者的"利益—权力"对称性呈现均值为 4.12 的数据分布。因此,从整体而言,现有创新政策对于合作者而言,存在"利益"与"权力"结构上一定程度的不对称,进一步比较合作者在"利益"与"权力"维度上的统计均值,可以看出创新政策中合作者的"利益"体现整体大于"权力"体现。

(六)多元线性回归与假设检验

表 6-38 列出了合作者研究的相关变量间的相关系数矩阵,因变量与自变量均为连续变量,采用 Person 相关回归方法。

表 6-38　合作者研究各变量间相关系数分析统计表

变量	均值	SD	创新资源投入	"利益"作用	"权力"作用	政策"利益—权力"对称度
创新资源投入	3.61	0.75	1	0.36**	0.35**	0.12*
"利益"作用	3.93	0.79	0.36**	1	0.26**	0.12
"权力"作用	3.34	0.67	0.35**	0.26**	1	0.19
"利益—权力"对称度	4.12	0.64	0.12*	0.12	0.19	1

注:†$p<0.1$; * $p<0.05$; ** $p<0.01$。

由表 6-38 可以看出,自变量利益作用程度、权力作用程度与"利益—权力"对称程度间并不存在高水平上的显著性相关($r \leqslant 0.256$),因此,"多重共线性"问题并不严重,可以接受。表 6-39 列出了因变量与多自变量之间的最小二乘法回归分析结果,回归采用逐步回归法。

表 6-39　合作者群体多变量逐步回归统计表

变量	模型 1	模型 2	模型 3	模型 4
控制变量				
技术水平	0.13			
行业	0.11			
自变量				
"利益"作用		0.31*	0.29*	0.25*
"权力"作用			0.24*	0.22*
"利益—权力"对称度				0.10†
调整后 R^2		0.29*	0.34*	0.36*

注：†p<0.1；＊p<0.05；＊＊p<0.01。

模型 1 显示了控制变量技术水平、行业相对合作者创新资源投入的回归分析，回归结果显示技术水平与行业在创新政策对合作者的作用过程中并不发挥显著作用。模型 2 引入了合作者的"利益"作用程度变量。整体回归结果在统计上是显著的，调整后模型 R^2 为 0.289，模型的解释性得到了显著的提高，也就是说，合作者的"利益"作用程度对其创新资源投入具有正面影响，因此，假设 H4c 得到了验证。模型 3 引入利益相关者的"权力"作用程度变量，整体回归结果在统计上是显著的，调整后 R^2 由原有的 0.29 增加到 0.34，解释性获得了显著提高，也就是说合作者的"权力"作用程度对其创新资源投入具有正面影响。因此，假设 H5c 得到了验证。模型 4 增加"利益—权力"对程度，调整后模型 R^2 为 0.36，与模型 3 相比，解释度获得了提高，同时"利益—权力"对称度与因变量创新投入的回归系数的显著性 sig 值<0.1，即在 p<0.1 的显著性水平下，"利益—权力"对称度与创新投入呈正比关系，因此，假设 H6c 获得部分支持。

四、股东

（一）问卷题项描述性统计结果

针对 97 个股东样本问卷题项的描述性统计结果见表 6-40。

表6-40　股东测量题项描述性统计结果汇总

题项	样本数	最小值	最大值	均值	标准差
Q1	97	1.00	5.00	3.68	0.75
Q2	97	1.00	5.00	3.57	0.78
Q3	97	1.00	5.00	3.85	0.71
Q4	97	1.00	5.00	3.81	0.74
Q5	97	1.00	5.00	3.38	0.76
Q6	97	1.00	5.00	3.65	0.84
Q7	97	1.00	5.00	3.99	0.84
Q8	97	1.00	5.00	3.76	0.73
Q9	97	1.00	5.00	3.58	0.78
Q10	97	1.00	5.00	4.31	0.80
Q11	97	1.00	5.00	4.14	0.89
Q12	97	1.00	5.00	4.21	0.74
Q13	97	1.00	5.00	4.05	0.80
Q14	97	1.00	5.00	4.07	0.93
Q15	97	1.00	5.00	3.78	0.81
Q16	97	1.00	5.00	3.89	0.93
Q17	97	1.00	5.00	3.79	0.81
Q18	97	1.00	5.00	3.87	0.82
Q19	97	1.00	5.00	3.79	0.97
Q20	97	1.00	5.00	4.01	0.77
Q21	97	1.00	5.00	4.36	0.82
均值				3.88	

　　从表6-40可以看出,针对股东的21个题项体现均值为3.88的数据统计结果,说明股东对创新政策作用于自身"利益—权力"内容整体持正面态度。在供给政策范畴内,针对股东利益范畴的资金支持政策Q1题项("为企业提供的基础科研设施建设经费,降低企业的技术创新风险与成本")、技术支持政策Q2题项("技术咨询、技术辅导以及鼓励技术引进等政策,提高企业的技术创新绩效")、信息支持政策Q4题项("针对个人职务发明(或企业创新绩效),政府为个人(或股东)提供相应的奖励")、资金支持Q6

题项("为企业创新提供直接资金支持,提高了企业的技术创新收益")以及公共服务政策 Q9 题项("通过减少行政审批、提高行政效率,提高企业技术创新绩效")与 Q21 题项("完备的创新配套公共服务(如交通、通讯、专业咨询服务机构等),为企业提供良好的创新条件")均体现为均值大于 3.5 的统计结果,这说明上述政策条款对股东的利益内容具有显著正面影响;针对股东权力范畴的技术支持政策 Q3 题项("技术转让或扶持政策,提高企业创新能力")与信息支持政策 Q5 题项("及时发布国内外产业信息,提高企业在行业中的技术竞争力")表现为均值大于 3.3 的统计结果,这说明上述政策条款对股东的权力内容具有显著的正面影响。

在环境政策范畴内,针对股东利益范畴的财务金融政策 Q7 题项("针对企业技术创新,出台的土地、租税等优惠政策,提高企业技术创新绩效")、租税优惠政策 Q8 题项("针对企业技术创新所出台的融资政策,提高企业的技术创新绩效")、法规管制政策 Q10 题项("专利保护策略提高企业保障自身技术创新收益")以及策略性措施 Q12("推动产业技术标准的制定、推广、仲裁的措施,降低企业创新风险并提高技术创新绩效")与 Q14("鼓励区域内企业的合并或联盟与龙头企业的发展,提高相关企业技术创新绩效")分别表现为均值大于 3.5 的统计结果,这说明上述政策条款对股东的权力内容具有显著的正面影响;针对股东权力范畴的法规管制政策题项 Q11("专利保护策略,有利于企业技术创新能力的提高")以及策略性措题项 Q13("推动产业技术标准的制定、推广、仲裁的措施,有利于企业自身技术创新能力的提高")与 Q15("鼓励区域内企业的合并或联盟与龙头企业的发展,有助于相关企业技术创新能力的提高")分别表现为均值大于 3.5 的统计结果,这说明上述政策条款对股东的权力内容具有显著的正面影响。

最后,在需求政策范畴内,针对于股东利益范畴的政府采购政策题项 Q16("政府采购活动提高企业技术创新绩效")、外包政策题项 Q17("政府提供研发或产品外包需求提高企业技术创新绩效")以及贸易管制题项 Q19("政府对国外(区域外)产品的贸易限制措施,提高企业创新产品收益")表现为均值均大于 3.5 的统计结果,这说明上述政策条款对股东的"利益"具有显著的正面影响。针对股东权力范畴的外包政策题项 Q18("政府提供的研发或产品外包服务提升企业创新能力")与 Q20("政府鼓励企业在海外(区域外)设立研发中心的政策,提升企业技术创新能力")表现为均值大于 3.5 的统计结果,这说明上述政策条款对股东的权力内容具有显著的正面影响。

描述性统计结果为多案例研究结论中股东所对应的特征性创新政策作用路径以及股东群体问卷题项开发的信效度均提供了证据上的支持。

(二)股东"利益"维度的降维操作

根据研究内容与设计要求,采用探索性因子分析对股东的"利益"范畴题项进行降维操作,本研究针对合作者利益内容的测量条款共计 14 条,共获得有效股东样本 97 份,符合因子分析对样本量的要求。

对各测量题项进行 Bartlett 球体检验和 KMO 检验结果显示,KMO 检验值为 0.705,且 Bartlett 球体检验的显著性统计值为 0.000。因此,本研究样本适合进行因子分析。进一步采用主成分分析法进行因子提取,采用方差最大法作为因子旋转的方法,保留特征值大于 1 的因子,获得两个公共因子,见表 6-41,两个因子共累计解释了 64.499% 的方差变异,达到科学研究要求。对各因子下题项的 Cronbach'α 系数检验结果显示为 0.866 与 0.877,体现了较高的内部一致性。

表 6-41　股东"利益"作用程度题项因子分析降维结果

因子	总和	% of 方差	累计%	总和	% of 方差	累计%	总和	% of 方差	累计%
1	6.99	49.93	49.93	6.99	49.93	49.93	4.34	32.98	32.98
2	1.48	10.57	60.50	1.48	10.57	64.50	4.13	31.52	62.50

旋转后的股东"利益"作用程度题项旋转后双因子的因子载荷表统计结果见表 6-42。

表 6-42 股东"利益"作用程度题项旋转后双因子的因子载荷表

题项	因子		α 系数
	因子 1	因子 2	
Q1	0.641	0.315	
Q2	0.805	0.181	
Q4	0.788	0.029	
Q6	0.604	0.434	0.882
Q7	0.662	0.421	
Q8	0.753	0.297	
Q9	0.680	0.273	
Q10	0.408	0.568	
Q12	0.505	0.577	
Q14	0.418	0.573	
Q16	0.116	0.871	0.877
Q17	0.222	0.836	
Q19	0.137	0.742	
Q21	0.306	0.619	

整体而言,本研究问卷设计体现了较高的信效度水平。对各因子的题项内容进行分析显示,因子 1 包括供给政策方面的内容,因子 2 包括环境与需求政策方面的内容,对各因子进行题项加总后的均值处理,其描述性统计结果见表 6-43。

表 6-43 股东"利益"作用程度双因子的描述性统计结果

变量名称	样本量	最小值	最大值	均值	标准差
利益因子 1	97	1.00	5.00	3.72	0.65
利益因子 2	97	1.00	5.00	4.06	0.60

为进一步降低研究难度,本研究借鉴陈晓萍等(2008)的研究方法建

议,对股东"利益"作用程度下的因子 1 与因子 2 进一步进行降维处理。具体方法是,根据其因子解释量在总解释量中的比重,对各因子进行加权加总,以获得股东样本最终在"利益"维度上的政策作用程度,公式如下:

$$I_{股东} = (30.98 \div 64.50) 因子 1 + (29.52 \div 64.50) 因子 2$$

对最终得到的股东样本"利益"作用程度变量进行描述性统计分析,分析结果见表6-44。

表6-44 股东"利益"作用程度的描述性统计结果

变量名称	N	最小值	最大值	均值	标准差
"利益"作用	97	1.00	5.00	3.89	0.58

（三）股东"权力"维度的降维操作

根据研究内容与设计要求,采用探索性因子分析对股东的"权力"范畴题项进行降维操作。对各测量题项进行 Bartlett 球体检验和 KMO 检验,检验结果显示,其 KMO 系数为 0.889,且 Bartlett 球体检验的显著性统计值为 0.000,说明样本适合进行因子分析;其次,进一步采用主成分分析法进行因子提取,采用方差最大法作为因子旋转的方法,保留特征值大于 1 的因子,获得一个公共因子,共累计解释了 63.731% 的方差变异;最后对各题项的 Cronbach'α 系数检验结果显示为 0.881,体现了较高的内部一致性。

整体而言,本研究问卷设计体现了较高的信效度水平。本研究将该公共因子命名为股东的"权力"作用,具体得分为各题项加总后的均值,其描述性统计结果见表6-45。

表6-45 股东"权力"作用程度的描述性统计结果

变量名称	样本量	最小值	最大值	均值	标准差
"权力"作用	97	1.00	5.00	3.64	0.61

（四）股东技术创新资源投入的降维操作

根据研究内容与设计要求,采用探索性因子分析对股东的技术创新资源投入进行降维操作。首先,因子分析样本量分析显示,有效样本量与测量条款数量比值为 11.1∶1,符合因子分析对样本量的要求;其次,对各测量题项进行 Bartlett 球体检验和 KMO 检验,检验结果显示,其 KMO 系数为0.896,且 Bartlett 球体检验的显著性统计值为 0.000,说明样本适合进行因子分析;再次,进一步采用主成分分析法进行因子提取,采用方差最大法作为因子旋转的方法,保留特征值大于 1 的因子,获得一个公共因子,共累计解释了 73.348%的方差变异;最后对各题项的 Cronbach'α 系数检验结果显示为 0.927,体现了较高的内部一致性。

整体而言,本研究问卷设计体现了较高的信效度水平。本研究将该公共因子命名为股东的"创新资源投入",具体得分为各题项加总后的均值,其描述性统计结果见表 6-46。

表 6-46　股东"资源投入"行为的描述性统计结果

变量名称	样本量	最小值	最大值	均值	标准差
创新资源投入	97	1.00	5.00	4.11	0.66

（五）政策"利益—权力"对称度测量

根据研究设计,股东"利益—权力"对称性测量采取以下措施:首先,将股东样本的"利益"得分减去"权力"得分,获得不对称值;其次,就不对称值进行绝对值处理,获得不对称值 d;最后,对不对称值 d 进行(6-d)数据转化操作,获得股东"利益—权力"对称性程度的最终值 D,本研究针对股东在创新政策中"利益—权力"对称度的测量结果见表 6-47。

表 6-47　股东"利益—权力"对称度的描述性统计结果

变量名称	样本量	最小值	最大值	均值	标准差
"利益—权力"对称度	97	3.20	4.89	4.31	0.20

从表 6-47 可以看出,创新政策中股东的"利益—权力"对称性体现为

均值是 4.31 的均值分布。因此,从整体而言,现有创新政策对于股东具有一定程度的不对称影响,进一步比较股东在"利益"与"权力"维度上的统计均值,可以看出创新政策中股东的"利益"体现整体大于"权力"体现。

(六) 多元线性回归与假设检验

表 6-48 列出了股东研究的相关变量间的相关系数矩阵,因变量与自变量均为连续变量,采用 Person 相关回归方法。

表6-48　股东研究各变量间相关系数分析统计表

变量	均值	SD	创新资源投入	"利益"作用	"权力"作用	政策"利益—权力"对称度
创新资源投入	4.11	0.66	1	0.53^{**}	0.49^{**}	0.12^{*}
"利益"作用	3.89	0.57	0.53^{**}	1	0.34^{**}	0.11
"权力"作用	3.64	0.61	0.49^{**}	0.34^{**}	1	0.09
"利益—权力"对称程度	4.31	0.20	0.17^{*}	0.09	0.11	1

注:$\dagger p<0.1$; $*p<0.05$; $**p<0.01$。

由表 6-48 可以看出,自变量利益作用程度、权力作用程度与"利益—权力"对称程度间并不存在高水平上的显著性相关($r \leqslant 0.34$),因此,"多重共线性"问题并不严重,可以接受。表 6-49 列出了因变量与多自变量之间的最小二乘法回归分析结果,回归采用逐步回归法。

表6-49　股东群体多变量逐步回归统计表

变量	模型 1	模型 2	模型 3	模型 4
控制变量				
技术水平	0.11^{*}	$0.09\dagger$	0.06	
行业	0.08^{*}	$0.06\dagger$	0.05	
自变量				
"利益"作用		0.41^{**}	0.39^{**}	0.36^{*}
"权力"作用			0.29^{**}	0.23^{*}

续表

变量	模型 1	模型 2	模型 3	模型 4
"利益—权力"对称度				0.09†
调整后 R^2		0.34**	0.40**	0.41*

注:†p<0.1; * p<0.05; ** p<0.01。

模型 1 显示了控制变量技术水平、行业相对股东创新资源投入的回归分析,回归结果显示技术水平、行业在创新政策对股东群体的作用过程中发挥显著作用,这与 Robson(1988)和 Hippel(2007)等人的研究结论比较一致,政府通过针对性的行业扶持政策设计,进一步推动社会产业结构与创新水平的整体提升。模型 2 引入了股东的"利益"作用程度变量,整体回归结果在统计上是显著的,调整后模型 R^2 为 0.34,模型的解释性得到了显著提高,也就是说,创新政策中合作者"利益"作用程度对其创新资源投入具有正面影响,因此,假设 H4d 得到了验证。模型 3 引入利益相关者的"权力"作用程度变量,整体回归结果在统计上是显著的,调整后 R^2 由原有的 0.34 增加到 0.40,解释性获得了显著提高,也就是说,股东的"权力"作用程度对其创新资源投入具有正面影响,因此,假设 H5d 得到了验证。模型 4 增加"利益—权力"对称度,调整后的模型 R^2 为 0.41,与模型 3 相比,模型解释量有所提高,同时"利益—权力"对称度与因变量创新投入的回归系数的显著性 sig 值<0.1,即在 P<0.1 的显著性水平下,股东的"利益—权力"对称度与创新投入呈正比关系,因此,假设 H6d 获得部分支持。

第五节 研究结论

通过针对核心利益相关者群体的大样本调查,本章对相关的研究假设进行了实证检验,检验结果见表 6-50。

表 6-50　利益相关者政策激励机制相关假设检验结果

H1a	创新政策作用于高管的"利益"程度越高,其在企业技术创新过程中的创新资源投入水平越高	支持
H1b	创新政策作用于员工的"利益"程度越高,其在企业技术创新过程中的创新资源投入水平越高	支持
H1c	创新政策作用于合作者的"利益"程度越高,其在企业技术创新过程中的创新资源投入水平越高	支持
H1d	创新政策作用于股东的"利益"程度越高,其在企业技术创新过程中的创新资源投入水平越高	支持
H2a	创新政策作用于高管的"权力"程度越高,其在企业技术创新过程中的创新资源投入水平越高	支持
H2b	创新政策作用于员工的"权力"程度越高,其在企业技术创新过程中的创新资源投入水平越高	支持
H2c	创新政策作用于合作者的"权力"程度越高,其在企业技术创新过程中的创新资源投入水平越高	支持
H2d	创新政策作用于股东的"权力"程度越高,其在企业技术创新过程中的创新资源投入水平越高	支持
H3a	创新政策作用于高管"利益—权力"体现的对称度越高,其创新资源投入水平越高	支持
H3b	创新政策作用于员工"利益—权力"体现的对称度越高,其创新资源投入水平越高	支持
H3c	创新政策作用于合作或者"利益—权力"体现的对称度越高,其创新资源投入水平越高	部分支持①
H3d	创新政策作用于股东"利益—权力"体现的对称度越高,其创新资源投入水平越高	部分支持②

整体而言,创新政策与利益相关者创新资源投入间作用关系的假设实证检验获得以下的主要结论:

一、创新政策作用于利益相关者的"利益"体现正向影响其创新资源投入

针对合作者、高管、员工以及股东的假设检验结果显示,创新政策作用于利益相关者的"利益"体现程度与其创新资源投入间存在显著的正向影

---

① 显著性 $P<0.1$。
② 显著性 $P<0.1$。

响关系,也就是说创新政策中针对具体利益相关者的"利益"内容设计对其创新资源投入具有重要意义。这个结论一方面为通过"利益"与"权力"的双维度体现来描述与度量创新政策中各利益相关者间异质性体现提供了证据支持;另一方面,也为创新政策设计提供了基本思路与方法,即通过针对具体利益相关者"利益"范畴的政策内容设计,提升其在政策中的"利益"体现程度,进而促进其在技术创新过程中创新资源投入水平的提高。

二、创新政策作用于利益相关者的"权力"体现正向影响其创新资源投入

针对合作者、高管、员工以及股东的假设检验结果显示,创新政策作用于利益相关者的"权力"体现程度与其创新资源投入间也存在显著的正向影响关系,也就是说创新政策中针对具体利益相关者的"权力"内容设计对其创新资源投入行为具有重要意义。整体而言,创新政策中利益相关者的"权力"作用体现较其"利益"作用体现存在均值上的差距,即整体而言,创新政策中利益相关者的"权力"作用体现程度低于"利益"作用体现程度。这一方面与创新政策主体作为外部利益协调机制的政策属性有关;但另一方面,也部分说明我国现有创新政策的重点仍偏重于扩大公共资源层面的投入,以推动全社会技术创新水平提高的政策现状。

从"权力"体现程度与创新资源投入的相关系数以及模型解释量(R^2)的变化来看,"权力"作用体现程度对最终创新资源投入的模型解释水平较"利益"作用体现程度弱。这部分体现出,我国企业也存在更加倚重于政策性创新资源供给的现状,即企业"等、靠、要"的现象较为突出。这一方面与我国现阶段企业的经营规模、技术层次以及资源水平有关,因此,也更加强调通过政策面的资源配给,降低企业创新风险,提高创新动力;另一方面,这种政策现象也可能反过来导致我国部分企业进一步倚重于供给层面政策,而缺乏自身在制度建设、能力提高上的努力,甚至政策寻租等问题的出现。

整体而言,对创新政策设计思路的启发在于,可通过针对具体利益相关者"权力"范畴的政策设计,提升其在政策中的"权力"体现程度,进而提高

其在技术创新过程中的创新资源投入水平。而现有创新政策中利益相关者的"利益"作用体现与"权力"作用体现间存在的差距与方向也为未来创新政策设计提供了趋势上的要求。

三、创新政策作用于利益相关者的"利益—权力"对称度正向影响其创新政策资源投入

检验结果显示,合作者、高管、员工以及股东四个群体在创新政策中"利益—权力"的对称性体现与其创新资源投入间也存在正向关系,但其影响程度并没有"利益"或"权力"体现对创新资源投入的影响程度显著。这就要求,一方面,政策设计者在创新政策设计过程中仍应重点关注利益相关者"利益"与"权力"绝对体现的同时,也应关注政策中具体利益相关者的"利益—权力"体现结构,而这种体现结构应以"利益—权力"的对称分布为设计目标;另一方面,由于创新政策自身的政策属性与作用范围,必然存在一定程度的"利益—权力"天然不对称。因此,政策设计的具体目标应在发挥政策干预机制的同时,努力推动市场机制的发挥,以降低"利益—权力"不对称度为具体目标。

第七章 利益相关者视角下创新政策的测量、评价与创新

——"契合性"思路

利益相关者视角下创新政策与利益相关者创新资源投入间作用关系的相关研究取得了以下两个主要结论：第一，创新政策通过差异化的路径影响利益相关者的主体与内容，即各分类创新政策具有其特定的利益相关者作用主体与内容；第二，创新政策通过作用于利益相关者"利益"体现、"权力"体现以及"利益—权力"对称度，进而影响其在技术创新过程中的创新资源投入。前者体现了创新政策的作用路径，这为创新政策测量、评价与创新提供了联结具体创新政策类别与利益相关者主体、内容间关系的成果依据；后者体现了创新政策的作用机理，为创新政策研究过程中各利益相关者在内容与结构上的测量、评价与政策创新提供了设计方向与思路。

Donaldson(1995)指出利益相关者的工具性研究的最终目的是开发"有效的利益相关者管理机制"。因此，完整作用关系研究应包括对作用关系研究结论的工具化应用，形成具有实践导向的利益相关者视角下创新政策测量、评价与创新的基本思路与方法。本章将基于作用关系研究的研究结论，提出利益相关者视角下创新政策测量、评价与创新的"契合性"创新思路，即通过测量、评价既有创新政策中各利益相关者主体的"利益—权力"内容体现与"利益—权力"对称度，进而通过政策创新达到创新政策中利益相关者的分布和对称结构与目标性的政策利益相关者的分布与对称结构相契合的要求。而目标性的政策利益相关者分布与对称结构标准源于创新政策设计者对政策目标与技术创新理论基础的理解与认识。

第一节　"契合性"思路的提出

整体而言,创新政策与利益相关者创新资源投入间作用关系的研究结论对创新政策创新存在以下方面的启示:

第一,企业技术创新已经成为由多元化利益相关者所组成的创新网络的共同活动,而各利益相关者间的相互博弈、协调、竞合水平导致了企业技术创新绩效的高低差异(盛亚,2009;陈剑平和盛亚,2013),这是开展利益相关者视角下创新政策研究与设计的前提。第二,企业技术创新过程中多元化利益相关者主体间存在角色与地位上的异质性(盛亚,2009),而这种异质性是通过其在"利益"与"权力"内容与结构体现程度上的差异性体现予以界定,这是开展利益相关者视角下创新政策研究与设计的描述性基础。第三,针对各利益相关者间的异质性程度而采取对应的管理优先与策略措施是企业利益相关者管理的基本原则与核心思路(Savage,1991;Mitchell,1997;盛亚,2009),即重要的利益相关者相对于次要的利益相关者应具有更多的管理优先与策略措施。因此,创新政策创新在本质上是通过调整政策中各利益相关者的"利益—权力"内容与结构的体现程度,使其整体上与技术创新过程中各利益相关者异质性结构相契合的过程。第四,作用关系研究结果显示,创新政策作用于各利益相关者的"利益"与"权力"体现对其投入具有正向影响。因此,创新政策通过针对具体利益相关者的"利益"与"权力"内容再设计,达到创新政策激励作用的发挥。第五,作用关系研究结果还显示,创新政策作用于利益相关者的"利益—权力"对称度对其创新资源投入也存在正向影响,因此,评估与调整各利益相关者在创新政策中"利益—权力"体现的对称程度也是创新政策创新的重要环节。第六,作用关系研究结果还显示,各分类创新政策具有其特征性的政策利益相关者作用对象与内容。因此,在创新政策创新过程中,应根据具体的政策设计目标,针对不同利益相关者选择对应的政策类别与政策内容设计,而作用关系研究中政策作用路径的相关结论也为政策设计提供了具体的设计依据与内容参考。最后,创新政策设计的演变与政策的有效性源于两个重要内容:政策问题与技术创新理论发展(徐大可和陈劲,2004)。从利益相关者视角看,不同政策目标与创新理论情境下的创新政策体系具有其特征性的利益相关者主体与内容结构,因而,政策创新是通过测量、评价与调整既有政策体系中利益相关者的"利益—权力"内容与结构,使其与目标政策的内在要求所契合的过程。这是创新政策的"契合性"评价与创新思路的基础与核心。

整体而言,基于作用关系研究结论的创新政策的"契合性"评价与创新思路是指,通过比较既有政策与目标政策间各利益相关者在"利益—权力"内容与结构体现上的契合程度与具体差距,提出政策创新的方向与思路,进而对既有政策中的各利益相关者采取针对性的"利益—权力"政策内容设计与调整,推动再设计后的创新政策中利益相关者"利益—权力"内容与结构体现与目标政策中利益相关者"利益—权力"内容与结构要求间契合程度的提高,而目标政策中利益相关者的"利益—权力"内容与结构标准源于创新政策设计者对当下创新政策问题与技术创新理论的理解与认知。

具体而言,创新政策的"契合性"评价与创新思路是一个多元化、跨领域的概念,体现出在工具方法、主体体现与内容结构等方面的多重契合路径,应包括以下主要的内容:

一、构建利益相关者视角下多重性、二元化的政策分类方法与工具

创新政策的"契合性"评价与创新思路是将利益相关者视角与方法引入创新政策研究领域的产物。现有政策分类方法往往从政策本身的政策目标或工具措施出发,难以为创新政策设计提供在主体与内容上的具体依据。因此,现有政策分类方法存在利益相关者视角上的缺失与空白。作用关系研究的研究结论显示,不同类别的创新政策具有其特征性的利益相关者作用主体与内容,这为将利益相关者视角引入现有政策分类方法以弥补现有分类方法在视角上的不足提供了必要性与可行性基础。具体而言,从现有

政策分类方法出发,梳理各分类政策工具所对应的利益相关者作用主体与利益相关者作用内容,为采取具体性、针对性的创新政策设计提供了内容基础与决策依据。因此,利益相关者视角下创新政策的"契合性",应首先从利益相关者视角出发对现有创新政策分类方法进行重新梳理与完善,以构建利益相关者视角下多重性、二元化的创新政策分类方法,其具体内容包括以下三个方面:

（一）引入利益相关者主体概念构建创新政策分类方法的主体二元化

作用关系研究结果显示,各分类创新政策具有其特征性的政策利益相关者作用主体,如与合作者相关的创新政策工具包括:信息支持、法规管制、租税优惠、采购与外包、技术支持等,分别归属于供给、环境与需求三个政策范畴,而具体政策工具类别又往往同时具备多种类别的利益相关者作用对象。因此,需从利益相关者视角出发重新梳理与明确传统创新政策分类方法下的政策间区分性,即梳理与明确各创新政策分类与利益相关者间的对应关系。进而能够在政策设计过程中,针对具体利益相关者提供在政策类别甄选上的决策依据,推动政策设计中瓶颈问题(Edquist,2001,2012)的解决。整体而言,从利益相关者视角出发,梳理与明确现有各政策分类范畴所对应的利益相关者作用主体,构建包括利益相关者主体与创新政策工具为分类依据的二元性分类结构,这是开展利益相关者视角下创新政策"契合性"评价的基础。

（二）引入"利益"与"权力"内容概念构建创新政策分类方法的内容二元性

企业利益相关者在企业经营过程中存在角色与地位的异质性(Savage,1991;Mitchell,1997;盛亚,2009),而在技术创新过程中这种异质性体现为利益相关者在"利益"与"权力"内容与结构上的差异(盛亚,2009)。作用关系研究结果显示,创新政策通过作用于利益相关者的"利益"与"权力"内容与结构体现,进而影响其创新资源的投入水平。也就是说,创新政策对利益相关者的作用体现不仅仅存在量的概念,即创新政策中各利益相关者的主体体现水平;同时还存在质的概念,即创新政策中的利益相关者体现还应进一步分解、对应于其"利益"或"权力"的范畴。因此,创新政策分类工具的二元化设计还需引入利益相关者在"利益"与"权力"内容上的分类视角,在创新政策中利益相关者主体界定的基础上,进一步将其分解与明确为利益相关者在"利益"或"权力"内容上的范畴体现。整体而言,在利益相关者主体界定基础上,引入利益相关者"利益"与"权力"内容的区分视角,进一步构建具有内容二元属性的创新政策分类方法,为开展针对具体利益相关者的政策内容设计以及其"利益—权力"结构的评估与调整均提供了依据与基础。

（三）引入特征政策情景概念构建创新政策分类方法的界定标准二元性

通过创新政策分类方法的二元性思路,梳理与明确传统创新政策分类方法下具体分类创新政策所对应的利益相关者的主体与内容标准。这种方法所依赖的假设与基础是传统创新政策分类方法在政策作用的利益相关者主体与内容上具有显著的类内聚合效度与类间区分效度,即分类政策内部在利益相关者主体与内容上具有显著的一致性,而分类政策间在利益相关者主体与内容上又具有显著的区别性。但在实际的政策实践中,传统创新政策分类方法存在效度上的客观两面性:一方面,传统、成熟的创新政策分类方法必然具有其显著的区分效度与聚合效度;但另一方面,由于存在引入利益相关者视角的缺失,现有创新政策分类方法也必然存在区分效度与聚合效度的不足。这首先体现在同一分类政策下因具体政策情景的不同,存在政策目标、问题与细则上的客观差异,必然导致分类政策内部因具体的政策情景不同而在利益相关者主体与内容上存在不同;其次,创新政策的系统性、协同性与完备性,决定了各分类政策间必然存在目的与措施的重叠与交互,因此也导致分类政策间在利益相关者主体与内容上也存在一定的重叠与交互。因此,对现有创新政策分类方法的二元化梳理应包括以下内容:一方面,从传统分类方法具有其内在的区分效度与聚合效度前提出发,构建基于创新政策分类所对应的利益相关者作用主体与作用内容基本标准;另一方面,应通过引入特征政策情景概念,甄别与区分具体分类创新政策内部所存在的特征政策情景差异,构建各特征政策情景下利益相关者主体与内容界定的标准补充。整体而言,针对各分类政策构建包括基本界定标准与基于特征政策情景的补充界定标准在内的二元化界定标准,是体现利益相关者视角下创新政策分类方法"契合性"的重要内容。

总而言之,传统创新政策分类方法由于存在分类视角上的局限,在创新政策创新过程中,无法针对各利益相关者提供具体、有效的政策设计依据。因此,需要引入利益相关者视角,对传统创新政策分类方法进行重新梳理与完善,进而构建以利益相关者主体与创新政策分类、利益相关者内容与创新政策分类以及创新政策分类与创新政策特征情景在内的多重性、二元化创新政策分类方法,这是创新政策测量、评价与创新的理论依据与内容基础。

二、通过既有政策体现与目标政策要求的比较贯彻"契合性"评价与创新思路

徐大可和陈劲(2004)指出创新政策设计源于创新政策设计者对两个重要内容的理解与认知:政策目的以及技术创新的理论基础。也就是说,从利益相关者视角看,创新政策创新与再设计在本质上是解决政策目标与技术创新理论演变所导致的既有创新政策中利益相关者内容、结构体现与目标政策要求间存在的不契合。这具体体现在:首先,由于各利益相关者在技术创新过程中的作用角色与地位上的异质性(盛亚,2009),而针对这种异质性结构的评估,进而采取差异化的管理策略是利益相关者管理策略设计与政策创新的基本原则与出发点。其次,政策问题与技术创新理论的演变,要求政策内部的利益相关者异质性结构产生相应的变化。因此,通过比较既有政策与目标政策在利益相关者异质性结构上的不契合,进而促进现有政策与目标政策间的"契合性"水平提高,是利益相关者视角下开展创新政策创新的出发点。最后,作用关系研究结果也进一步显示,创新政策通过作用于利益相关者的"利益—权力"内容与结构体现,进而影响其创新资源投入。因此,从利益相关者的"利益—权力"内容与结构出发,评估既有政策体现与目标政策间在利益相关者的"利益—权力"内容与结构上的契合性

水平与差距,进而采取针对利益相关者"利益—权力"内容与结构的政策内容设计与调整,是发挥创新政策与利益相关者创新资源投入间作用关系的具体路径,也是体现创新政策"契合性"政策评价与创新的核心思路。

具体而言,首先应从既有创新政策出发,测量与评价既有创新政策中利益相关者所体现的"利益—权力"内容与结构,即评价现状环节;其次,从技术创新理论与政策问题出发,理解并构建目标性的利益相关者"利益—权力"内容与结构,即标准设定环节;再次,并通过比较既有政策与目标政策在利益相关者"利益—权力"内容与结构上的契合性水平,梳理与界定创新政策创新的方向与思路,即契合比较环节;最后,采取具体的政策工具或政策工具组合,调整或重构创新政策中利益相关者的"利益—权力"内容与结构体现,达到既定政策与目标政策间的"契合性"设计目标,即政策重构环节。四个环节共同构成了利益相关者视角下创新政策"契合性"政策评价与创新的基本思路与主体过程。

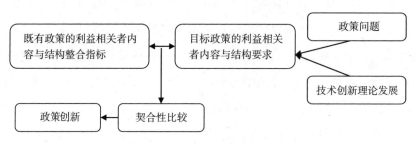

图 7-1　创新政策的"契合性"评价与创新思路和主体过程

三、以利益相关者主体分布为核心的内容契合性比较

利益相关者视角下创新政策设计的核心思路是既有政策与目标政策间利益相关者"利益—权力"内容与结构的契合性比较,其比较的基本前提是创新政策中利益相关者应存在角色与地位上的异质性,而这种异质性的背后又体现出各利益相关者在技术创新过程中重要程度的不同。因此,"契合性"比较最终的目的是促进再设计后政策中各利益相关者的角色地位和重要程度与地位结构和目标政策要求相匹配的过程,这是实现根据利益相

关者间的角色与重要差异而采取对应的管理策略的利益相关者管理基本思想与管理原则。

如何测量与评价创新政策所体现出各利益相关者的重要程度与地位结构？具体而言，一方面，盛亚(2009)基于第六代技术创新过程模式理论，通过利益相关者在企业技术创新过程中的"利益"与"权力"体现，将异质性的企业技术创新的利益相关者划分为三个群体：明确型利益相关者、潜在型利益相关者以及边缘型利益相关者，描述与区分了各利益相关者在技术创新过程中重要程度的层次差别。其中，明确型利益相关者具有高"利益"与高"权力"体现；潜在型利益相关者具有高"利益"与低"权力"体现；边缘型利益相关者具有低"利益"与低"权力"体现。从盛亚的研究结果可以看出，技术创新过程中利益相关者的异质性体现在其"利益"与"权力"体现的整体分布水平上，相对重要的利益相关者群体较次重要的利益相关者群体在"利益"与"权力"上具有更大程度的体现或要求。另一方面，作用关系研究结果显示，创新政策通过针对利益相关者的"利益"与"权力"政策体现，发挥其政策作用关系。也就是说，利益相关者在创新政策中"利益"与"权力"整体体现水平越高，反映出其在既有政策体系中的管理优先与重要程度越高。因此可以看出，创新政策中各利益相关者的政策优先反映了利益相关者在创新政策中"利益"与"权力"的整体体现，而这种整体体现又反映出创新政策设计者对各利益相关者在技术创新过程中角色与地位结构的理解与期望。整体而言，创新政策作为企业技术创新的外部激励源，其内容设计应契合政策目标与技术创新理论发展下的利益相关者内容与结构演变要求，即创新政策设计者根据对政策目的与技术创新理论的理解与认知，进而梳理与判断创新政策中各利益相关者在重要程度上的区分与归类，在政策设计环节针对核心利益相关者进行政策内容上的重点设计，体现创新理论要求与政策创新目标间的契合性要求。

因此，通过测量与评价既有政策中利益相关者在"利益"与"权力"上的整体体现，进而与目标政策要求进行"契合性"比较，是开展利益相关者视角下创新政策创新的重要内容。本研究引入创新政策中利益相关者主体分布这一概念,用以度量与评估各利益相关者在创新政策中"利益"与"权力"体现的整体分布结构。具体利益相关者在创新政策中的主体分布程度越高,说明其在创新政策中所体现的政策优先程度越显著,即拥有更高的重要程度判断。具体而言,首先,通过政策定量评估方法,对既定政策中各利益相关者"利益"与"权力"的内容体现进行频数上的统计与梳理。其次,对利益相关者"利益"与"权力"体现进行频数的合并处理。根据创新政策评价研究中混合研究方法的基本思路(刘朝凤,2007;盛亚等,2013),通过比较各利益相关者在政策中内容体现的累计频数来界定与评估创新政策中利益相关者的主体分布结构,即包括利益相关者"利益"与"权力"体现的全部内容。再次,将既有创新政策中利益相关者的主体分布结构与目标政策中利益相关者的主体分布结构进行"契合性"比较。最后,基于"契合性"比较结果,依据多重化、二元性的创新政策分类工具与标准,针对具体利益相关者开展创新政策内容设计,以降低两者间的"不契合"水平。

总而言之,首先,由于技术创新过程中各利益相关者存在角色与地位上的异质性,因此在创新政策设计中应体现、契合这种利益相关者在重要程度上的差异。其次,创新政策中利益相关者间重要程度的差异是通过其在"利益"与"权力"内容上的整体体现程度予以区分的。再次,在具体评估过程中,引入利益相关者主体分布结构的概念用以度量与评估在创新政策中各利益相关者的管理优先与重要程度结构。具体而言,通过加总各利益相关者在创新政策中"利益"与"权力"内容体现的累计频数,进而体现出创新政策中利益相关者的主体分布结构。最后,通过该主体分布结构与目标政策的利益相关者主体分布结构要求进行"契合性"比较,为创新政策创新提供设计内容与设计依据。

四、以"利益—权力"对称性为核心的结构契合性比较

作用关系研究结论还显示,创新政策作用于利益相关者"利益—权力"体现结构的对称性也对利益相关者的创新资源投入具有正向的影响关系。这就要求创新政策设计者在政策设计实践中不仅仅需要考虑创新政策中各

利益相关者在"利益"与"权力"内容上的绝对体现,还应该考虑创新政策中利益相关者在"利益—权力"体现结构上的对称程度。

创新政策作为技术创新的外部激励源,发挥强制性的政策协调作用,但政策机制无法替代或抵消技术创新过程中各利益相关者所嵌入的市场协调机制,如针对股东、高管等的权力配置更多通过市场博弈方式以内部管理政策的形式予以明确,因此,创新政策中存在普遍利益相关者的"利益—权力"不对称倾向,这在作用关系研究的研究结论中获得了证据支持。为了进一步发挥创新政策的协调与激励作用,创新政策在设计过程中应积极探索与降低各利益相关者在"利益—权力"结构上的不对称性,进而推动其在"利益"与"权力"对称性要求上结构的契合性水平。具体的评估与设计思路应包括以下内容:首先,分别从"利益"与"权力"两个维度对利益相关者角色体现进行分类统计;其次,按照其"利益—权力"不对称性的程度与方向,对各利益相关者进行群体划分;最后,针对"利益—权力"不对称方向与程度,对各分类利益相关者群体的"利益"或"权力"进行针对性的政策内容设计,即优先或重点地对"利益—权力"不对称程度高的群体开展针对性的"利益"或"权力"内容设计,以降低其"利益—权力"体现结构的不对称性水平,进而推动作用关系的发挥。总而言之,基于创新政策的"契合性"评价结果,通过分层次、分重点、针对性地开展利益相关者"利益"或"权力"的政策内容设计,促进创新政策中各利益相关者在"利益—权力"体现上的对称性水平,是创新政策中利益相关者"利益—权力"结构契合性设计的要求。

五、内容契合与结构契合双指标整合的政策创新思路

作用关系的研究结果显示,创新政策通过作用于利益相关者在"利益—权力"上的内容体现与结构对称性,共同影响利益相关者的创新资源投入水平。因此,创新政策需要通过统筹考虑创新政策中利益相关者的"利益—权力"内容与结构分布,以实现既定政策创新与再设计契合目标政策的要求,即内容契合与结构契合两个基本思路与路径。进一步分析发现,

内容契合与结构契合存在在思路与目的上的一致性,两者分别通过比较既有政策体现与目标政策要求间各利益相关者"利益—权力"的内容与结构体现来评估两者间的契合性水平,这两种契合性比较的结果均体现出创新政策设计者对各利益相关者在政策中的政策优先性与管理重要性的期望差异,即高不契合性水平的利益相关者应较低不契合性水平的利益相关者具有更高、更优先的政策主体与内容对称的设计。因此,鉴于其在思路与目的上的一致性,在具体政策创新过程中,应从利益相关者内容契合与结构契合双向指标整合的思路出发,评估利益相关者视角下既有政策与目标政策间的整体契合性水平,为政策创新提供明确、一致与整合的方向与依据。具体而言,首先,从内容契合与结构契合双指标整合的研究思路出发,综合评估既有政策中各利益相关者群体的整体契合性水平;其次,基于各利益相关者的整体契合性水平进行分层与聚类操作,获得既有创新政策中利益相关者的"契合性"分层状况;再次,针对"契合性"分层结果,设定政策创新中各利益相关者的角色与内容,提供优先思路与突出重点;最后,依据多重性、二元化的政策分类方法与设计标准,采取针对性的创新政策创新实践。

整体而言,在作用关系研究结论的基础上,本研究提出了利益相关者视角下创新政策设计的契合性原则与设计思路:首先,引入利益相关者方法对现有创新政策分类方法进行梳理与改进,构建包括政策分类与对象、内容以及政策情景三者在内的多重性、二元化分类工具与设计标准。其次,明确了"契合性"基本思路,即通过既有创新政策与目标创新政策间利益相关者"利益—权力"内容与结构的"契合性"对比,明确既有政策创新的方向与思路。再次,引入创新政策中利益相关者主体分布的概念,即通过量化与加总创新政策中各利益相关者"利益"与"权力"内容的整体体现,用以度量与比较既有创新政策与目标创新政策间的内容契合水平;通过量化与评估创新政策中各利益相关者在"利益—权力"体现结构上的对称程度,用以度量与比较既定创新政策与目标创新政策间的结构契合水平。最后,在具体的政策创新过程中,应贯彻内容契合与结构契合双指标整合的利益相关者"契合性"比较思路,进而采取区分性、分层性与政策针对性的创新政策创新。

第二节　基于"契合性"的创新政策测量、评价与创新实践

一、研究内容

　　基于作用关系研究结果,本研究提出了利益相关者视角下创新政策的"契合性"评价与创新思路。本节将引入京、沪、浙、粤与苏五地具体的区域创新政策情景,开展基于创新政策契合性设计思路的工具化应用,即对五地的创新政策样本进行政策测量、评价、契合性比较以及提出政策创新建议。根据研究目的与契合性设计思路,本环节包括以下主要研究内容:第一,引入利益相关者方法与视角,构建利益相关者视角下的多重性、二元化创新政策分类工具与标准;第二,实施在利益相关者视角下对既有创新政策样本的政策评价,包括政策中利益相关者的内容(主体分布)体现与结构(对称性结构)体现两方面内容;第三,基于内容(主体分布)与结构(对称性结构)双指标整合的思路,比较利益相关者视角下既有政策与目标政策间的政策契合性水平,提出五个地区创新政策创新的方向与思路;第四,基于多重二元化创新政策分类方法与标准,提出针对既有政策样本创新的具体思路与建议。整体而言,本环节的研究重点与核心贡献是开发一套针对利益相关者视角下创新政策测量、评价、契合性比较以及创新政策创新思路的具体方法与工具。

二、政策测量与评价设计

(一)评价内容

　　根据研究设计与前文研究结论,本研究采用 Lundvall(2006)创新政策的定义,并根据盛亚(2008,2009)对利益相关者主体和"利益"与"权力"的

定义与内容进行具体的评价内容设计,具体评价内容包括创新政策中利益相关者内容体现与结构体现两个部分。创新政策中利益相关者的内容体现指创新政策中利益相关者的主体分布结构,即创新政策中所体现的各利益相关者的整体分布状况,在研究中具体操作化定义为各利益相关者在创新政策条款中所体现频数的累计,而这种创新政策中利益相关者的主体体现在内容上应包括"利益"与"权力"的全部范畴。创新政策中利益相关者的结构体现指创新政策中各利益相关者主体"利益—权力"体现的对称分布程度,在研究中具体操作化定义为各利益相关者在政策中"利益"体现与"权力"体现间分类统计累计频数的差值,具体操作方法为:甄别各利益相关者在条款内容中所反映的"利益"或"权力"范畴,分别在其对应的"利益"或"权力"栏下累计频数;本研究进一步用政策中各利益相关群体的"利益"总频数与"权力"总频数相减后的差值来体现各利益相关者群体"利益—权力"的对称性程度,正值表明该利益相关者在政策中"利益"体现大于"权力"体现,反之为"权力"体现大于"利益"体现,两者差值的绝对值越大表现为"利益—权力"的不对称程度越高。

(二)测量方法

本研究采取混合研究的方式完成对政策样本的测量统计。在政策量化方法研究领域,国内学者刘凤朝(2007)将传统政策量化统计方法总结为文本挖掘方法与数量统计方法两种:其中,文本挖掘方法指运用文本挖掘手段对政策进行内容分析,通过所体现范畴的频数累计完成政策量化。利贝卡普(2001)在经验叙述和法律研究基础上,整理出15个政策范畴,然后通过甄别与累计法规中各范畴的体现,首次完成了对矿权法的量化研究。文本挖掘方法优点在于其便于实现,缺点是忽略了政策的类别间差异以及工作量较大、信效度要求高等。另一种政策量化方法是数量统计方法。这种方法在政策分类操作基础上,直接对创新政策进行多维度的频数统计。刘凤朝(2007)采用数量统计方法,将科研政策分为科技政策、产业政策、财政政策、税收政策和金融政策五大类,对我国289项创新政策进行了分类梳理,提出了我国科技政策向创新政策演变的过程与趋势。数量统计方法优点在于对政策有效分解并能清晰反映政策的演变,但忽视了政策在分类维度间的差异。实际上,两种政策量化方法均是基于对政策中所反映的词汇(范畴)或归类维度进行频数上的累计,其基本假设均是政策的某一词汇(范畴)或归类维度所表现的频数越高,则其对应的政策效应就越强(刘凤朝,2007)。

创新政策"契合性"评价与创新原则指出,利益相关者视角下创新政策分类工具应具有多重性、二元化的属性,即具体创新政策分类方法应包括与利益相关者主体、利益相关者"利益"与"权力"内容以及政策情景三者间构成二元化的分类结构。因此,充分甄别与提炼创新政策中所对应的政策类别、对象主体、内容维度以及政策情景等范畴,并开发出基于多重二元化思路的政策量化标准是开展创新政策中利益相关者量化评估的基础与关键。基于对现有量化研究方法的优劣比较,本研究提出了整合现有文本挖掘与数量统计两种政策量化方法的研究思路。具体而言:首先,基于数量统计方法的分析思路,引入 Rothwell(1985)政策工具三分模型,制定基于分类维度的基本量化标准;其次,对政策样本进行理论抽样,通过文本挖掘方法对政策样本所嵌入的政策情景予以判断,提炼并构建分类维度下涵括政策情景子维度的正式量化标准;最后,在正式量化过程中,量化者先对目标政策条款进行分类操作,然后甄别与评判条款所内嵌的情景变量,对应正式量化标准完成量化操作,量化结果也进一步反馈并完善正式量化标准。

采取这种量化研究思路的主要依据是:第一,两种传统量化思路之间并非矛盾关系而更是相辅相成的关系,数量统计方法以政策分类操作为前提,而政策分类就本质而言是对政策内容范畴挖掘的降维操作;第二,企业各利益相关者在企业创新过程中存在诉求内容与作用程度上的显著差异(Freeman,2010;盛亚,2009),而创新政策作为服务企业创新的激励实践应在其对象、内容与效力上反映这一差异性(Rothwell,1985);第三,Rothwell 分类方法基于对象目标的分类逻辑,在政策对象、内容等范畴上具有较显著的类内聚合效度与类间区分效度,获得广泛的应用(张雅娴,

2001）；第四，鉴于同类政策内因内嵌的政策情景不同，在利益相关者体现上存在潜在的差异，由此，需要将研究样本落实到具体政策条款上，通过甄别条款中所隐含的利益相关者的主体与内容予以量化操作，即应用文本挖掘方法；第五，由于研究样本层级下沉与量化多范畴属性，采用文本挖掘方法必然带来工作量巨大与信效度控制的问题（刘凤朝和孙玉涛，2007），通过构建涵括分类维度与情景子维度的正式政策量化标准能够有效地解决相关问题。

整体而言，创新政策评价标准的形成是多重二元化创新政策分类思路的贯彻与落实，与评估过程设计共同构成了利益相关者视角下创新政策评价的依据与基础。

（三）样本选取

本环节以京、沪、浙、苏与粤五地出台的区域创新政策作为研究对象，具体政策样本选取借鉴刘凤朝（2007）研究思路，通过收集各地（省级）科技厅出台的区域创新政策汇编手册（或汇编目录）予以完成。如果汇编手册（或汇编目录）存在年份、内容等缺失，通过联系当地科技管理部门请求补足的方式予以解决。选取完成后，对政策样本中涉及地方转发国家政策的政策样本予以删除处理。

本环节的研究对象是创新政策样本内具体政策条款。本研究通过小组讨论、标准制定与共同评价的方式对政策样本内存在背景描述、内容重叠与阐述模糊等特征的具体条款予以删除或合并处理。具体的操作标准与方法是：首先，将单项政策中涉及政策的出台背景、设计原则以及宏观目标等背景性条款予以删除处理；其次，将具体政策中多项位置连续、目标一致与措施类同的细化或解释性条款簇予以合并处理；最后，对区域创新政策中缺乏明确政策目标与政策措施的条款，如"各部门加强相关配套工作的建设……"等，予以删除处理。本研究最终抽取的政策样本数与政策条款数统计见表7-1，总计条款为2889条。

表 7-1　五个地区区域创新政策条款数量统计表①

北京		浙江		广东		上海		江苏	
政策数	条款数	政策数	条款数	政策数	条款数	政策数	条款数	政策数	条款数
96	723	70	637	70	373	82	810	69	346

三、政策测量与评价实施

(一)测量标准形成

基于研究目的与研究设计的要求,本研究结合彭纪生(2008)、盛亚(2008,2009)等学者的研究成果,制定了基于多重性、二元化创新政策分类工具与创新政策量化标准②。本研究采取以下措施进一步提高基本量化标准的信效度水平:第一,在现实的政策实践中,创新政策在本研究假设基础上表现出更为多样性、灵活性的政策目标与措施,即各分类政策内部的政策情景范畴。因此,本研究在制定具体分类政策的基本量化标准基础上,增加了特定政策情景内容补充,以进一步提高量化研究的信效度水平,具体形式以角标加脚注的方式予以阐述说明③;第二,制定分类政策中合作者、员工、高管以及股东的基本量化标准依据作用关系研究中获得验证的相关假设;第三,面向工具性实践的要求,本研究在量化研究过程中增加了供应商、用户、债权人以及分销商等利益相关者主体,以体现完整的创新利益相关者范畴,这些利益相关者主体在政策中的量化标准,由 2 名教授、2 名博士生与 4 名硕士生组成的政策量化团队共同商议形成。

---

①　粤、苏具体政策条项下的条款针对性、同义性、重复性程度较强,因此政策条款的合并程度表现较高。

②　针对用户、供应商、债权人与分销商等边缘型利益相关者群体,其基本量化标准与分析细则通过研究团队共同商议形成。

③　由于具体类别的政策工具内部存在目标、内容与形式上的广泛差异,基本标准只反映创新政策工具下利益相关者的通用体现,针对特定政策工具而未反映的已验证假设以政策量化细则方式体现。

表7-2　创新政策利益相关者量化评估标准

政策分类	利益相关者分布结构基本标准	利益相关者"利益—权力"结构基本标准
人力资源	高管、员工	培训类活动计"权力"与"利益"①;奖励或福利计"利益"②
信息支持	股东、竞争者③	"利益"与"权力"④⑤
技术支持	股东、竞争者、合作者⑥	股东、竞争者计"利益";合作者计"利益"与"权力"⑦
资金支持	股东、竞争者	计"利益"⑧
公共服务	股东、竞争者⑨	计"利益"⑩
财务金融	股东、竞争者、债权人⑪	股东、竞争者计"利益";债权人计"利益"与"权力"⑫

---

①　标准说明:培训类活动反映高管或员工的专用资产大小变化。

②　标准说明:奖励或福利不能体现(显著体现)专有资产大小变化。

③　政策情景:如涉及整合、创新网络(如开放大学、研发机构图书馆等内容)应增加合作者。

④　标准说明:反映公司创新能力的提高,计"权力"与"利益"。

⑤　标准说明:增加合作者的交流与合作潜力,但不体现或显著体现其对企业创新技术的重要性影响。

⑥　政策情景:(1)如涉及供应链整合的内容,增加供应商;(2)如政策明确为龙头企业自主创新服务,则减去竞争者、合作者;(3)如涉及龙头企业产业链创新,增加供应商、合作者。

⑦　标准说明:政策的普惠制属性,不存在竞争者的权力提升,计股东、竞争者"利益";涉及合作者,其反映合作潜力与技术创新、成果扩散对企业影响力,计"利益"与"权力";涉及供应商计"利益"(长期合作契约)与"权力"(竞争者剔除,以增加正常专有性、决策影响力)。

⑧　标准说明:由于政策的普惠制不直接导致自身与竞争者的创新能力歧视性结构与市场竞争优势的实现,股东、竞争者计"利益",不计"权力"。

⑨　政策情景:如涉及社会资源、技术咨询服务等相关内容,增加合作者。

⑩　政策情景:如涉及合作者,合作者计"利益"与"权力"(反映合作潜力与技术创新、成果扩散对企业的影响力)。

⑪　政策情景:(1)如涉及政府担保设备类,增加供应商;(2)如涉及科技成果转换,增加合作者。

⑫　标准说明:股东、竞争者计"利益"(政策普惠制,不计利益相关者"权力")。债权人计"利益"与"权力"(权力体现在政府担保背景下,增加债权人的风险贴水与索取权):(1)涉及供应商计"利益"(财务金融服务降低融资交易难度,同时也增加企业对供应商选择范围,降低其超额利润与创新决策影响);(2)合作者计"利益"与"权力"(反映合作潜力与技术创新、成果扩散对企业的影响力)。

续表

政策分类	利益相关者分布结构基本标准	利益相关者"利益—权力"结构基本标准
租税优惠	股东、竞争者、合作者①	计"利益"②
法规管制	股东、竞争者③	股东计"利益";竞争者计"利益"与"权力"④
策略性措施	股东、竞争者⑤	股东计"利益";竞争者计"利益"与"权力"⑥
政府采购	股东、竞争者与用户⑦	股东、竞争者计"利益";用户计"利益"与"权力"⑧
外包	合作者、股东、用户与竞争者⑨	合作者计"利益"与"权力";股东、竞争者计"利益";用户计"利益"与"权力"⑩
贸易管制	股东、供应商、分销商	股东计"利益"与"权力";供应商、分销商计"利益"⑪

① 政策情景:如涉及个人(发明人)的税收减免,减去股东、竞争者,增加高管、员工(政策研究对象为企业,对个人租税优惠限定为企业内部利益相关者)。

② 政策情景:如涉及高管、员工计"利益"(不能反映其创新能力与创新决策影响力的提高)。

③ 政策情景:(1)涉及知识产权保护,增加高管与员工(职务发明);(2)涉及技术引进、技术扩散等条款,增加合作单位;(3)涉及建设市场监管、反垄断等,增加供应商与合作单位;(4)涉及环保,增加用户(社区成员)。

④ 标准说明:竞争者计"权力"与"利益"(增进对手的创新威胁与竞争地位):(1)股权激励等措施,高管、员工计"权力";利益分享等,高管、员工计"利益";(2)合作单位计"权力"与"利益";(3)供应商、合作单位计"权力"(增强其诉讼、维权的权力)与"利益"(公平、知识产权下的创新保护);(4)用户(社区一员)计"权力"(创新行为影响力)与"利益"(创新外部性收益)。

⑤ 政策情景:(1)如涉及行业供应链,增加供应商、分销商;(2)如涉及产学研条款,增加合作单位。

⑥ 标准说明:股东计"利益"。竞争者计"利益"与"权力"(源于在产业集聚背景下竞争者竞争地位的提高与威胁增加):(1)供应商与分销商计"权力"(专有性资产提高)与"利益"(创新收益分享);(2)合作者计"利益"与"权力"。

⑦ 标准说明:政府作为特定用户群体。

⑧ 标准说明:股东、竞争者计"利益"(普惠制,不计"权力");用户(政府)计"利益"(增加创新产品的使用、集中采购带来的优惠与成本优势)与"权力"(产业创新导向与影响)。

⑨ 政策情景:如涉及研究机构,增加合作者。

⑩ 标准说明:股东、竞争者计"利益"(普惠制,不计"权力");用户计"利益"与"权力";如涉及合作者,计"利益"与"权力"(政策导向下科研院所创新扩散能力与地位的提高)。

⑪ 标准说明:降低合作难度,股东、供应商、分销商的利益增加;贸易简化与支持,降低资产专有性与决策影响力,股东权力增加。

政策分类	利益相关者分布结构基本标准	利益相关者"利益—权力"结构基本标准
海外机构	股东、分销商①	股东计"利益";分销商计"利益"与"权力"②

（二）信效度控制

研究进入正式量化标准制定环节,该环节的核心是对政策分类维度下情景利益相关者"利益"与"权力"内容体现的甄别与提炼。本环节研究过程中,以作者本人为政策评价团队中心与负责人,吸引了包括笔者在内的 6 名政策评价人员。针对多人编码过程中的信效度问题,Lipsey（2001）提出了两项建议:第一,建议 20—50 条的个人重测或多人重测操作;第二,考察重测项目的信度水平。根据 Lipsey 的建议,在标准开发与正式评估环节,本研究进行了分组设计,6 位成员共分为 3 组,每组 2 人,每组设组长一名,负责组内研讨与统一。本环节的具体操作过程为:首先,以整项政策为样本单位,抽取具有代表性的 15 项政策样本,以盛亚（2008,2009）研究成果为理论依据,对政策样本中所包括的政策条款分组独立开展量化操作;其次,在组内统一的前提下,对各组量化结果进行组间信度检验,采取的信度检验指标为一致率水平（AR）③;最后,全员参与针对组间异同点与具体分歧进行讨论,根据讨论结果对量化标准进行制定或情景补充。本研究共实施了 5 轮×15 项的量化操作与检验完善流程,各轮赋值的组间一致率分别达到 0.67、0.75、0.78、0.80、0.81,最终达到较高的信度水平,并形成了本研究的正式量化标准。

进入正式的政策量化环节后,本研究采取任务组间分配、分组独立完成

---

① 政策情景:(1)如涉及研发机构,增加合作者,减去分销商;(2)如涉及共同实验室（研发联盟等）,增加竞争者,减去分销商;(3)如是贸易类条款,并包括供应链（物流之类）整合,增加供应商。

② 标准说明:海外机构设定造成分销商创新资源与技术信息的提高,带来其影响力增加。(1)合作者计"权力"与"利益",(2)竞争者计"权力"与"利益";(3)供应商计"权力"与"利益"。

③ AR=n/N;n 为编码一致项目频数,N 为总编码项目数。

的方式进行。根据 Lipsey 的建议,本研究分阶段地设计了组间 5%的交叉抽样与重测检验的环节,以进一步提高正式量化环节的信效度水平。对组间一致率(AR 值)高于 0.75 的条款保留量化组所量化的成果;对组间一致率(AR 值)低于 0.75 或新的政策情景,量化组与检验组共同讨论差异分歧,达成共识,并将成果反馈与完善正式量化标准。

四、政策测量数据分析

表 7-3 显示了五地创新政策条款中反映的利益相关者的主体(内容)与结构体现的统计结果。

(一)利益相关者主体(内容)体现结构

统计结果显示利益相关者主体分布频数(n)与分布率(p)由高置低分别为股东(n=2411/p=35.12%)、竞争者(n=2394/p=34.88%),占绝对优势地位;合作伙伴(n=594/p=8.39%)、高管(n=576/p=8.38%)、员工(n=575/p=8.65%),占相对优势地位;而用户(n=144/p=2.10%)、债权人(n=130/p=1.89%)、供应商(n=25/p=0.36%)与分销商(n=15/p=0.22%),处于弱势或空白地位。

(二)利益相关者"利益—权力"结构体现

统计结果显示政策条款中各利益相关者存在普遍的"利益—权力"不对称,表现为"利益"普遍强于"权力"。从绝对值看,股东、竞争者表现为"利益—权力"高不对称,高管、员工以及合作伙伴表现为"利益—权力"较高不对称,其余表现为"利益—权力"低不对称。由于,"利益—权力"不对称的绝对值很大程度受利益相关者分布结构的影响。为了减少上述影响,本研究借鉴了社会网络中网络密度概念,采取了不对称率 R① 这个相对指标来进一步阐述。统计结果显示股东(85.48%)、竞争者(86.01%)仍表现为"利益—权力"高不对称,而高管(35.24%)、员工(36.52%)表现为"利

---

① R= i/ I;其中 i 为政策中具体利益相关者的"权力—利益"不对称性;I 为政策中该利益相关者的最大"权力—利益"对称数,等于该利益相关者的累积分布频数。

表7—3　五地创新政策利益相关者分布结构与"利益—权力"对称结构量化统计表

利益相关者	政策利益相关者分布结构							政策利益相关者"利益—权力"结构																
	分地区分布频数					合计		京			沪			浙			粤			苏			合计	
区域	京 A1	沪 A2	浙 A3	粤 A4	苏 A5	总分布频数 A6①	总分布率 A7②	权力 B11	利益 B12	不对称性 B13③	权力 B21	利益 B22	不对称性 B2	权力 B31	利益 B32	不对称性 B3	权力 B41	利益 B42	不对称性 B4	权力 B51	利益 B52	不对称性 B5	总不对称性 B6④	总体不对称率 R⑤
股东	602	683	485	334	307	2411	35.13%	75	557	482	6	679	673	9	485	476	2	334	332	4	304	300	2061	85.48%
高管	152	151	173	48	52	576	8.39%	91	151	60	100	149	49	44	173	129	21	45	24	45	41	4	203	35.24%
员工	149	152	175	46	53	575	8.38%	90	148	58	102	151	49	26	175	149	21	45	24	47	41	6	210	36.52%
债权人	39	47	16	7	21	130	1.89%	35	37	2	47	47	0	14	16	2	5	5	0	23	21	2	1	0.77%
供应商	1	11	2	1	10	25	0.36%	0	0	0	10	10	0	0	2	2	0	0	0	7	11	4	5	20.00%
分销商	1	6	2	1	5	15	0.22%	0	0	0	6	6	0	0	2	2	0	0	0	2	5	3	4	26.67%
合作伙伴	153	68	243	70	60	594	8.65%	116	153	37	68	70	2	196	243	47	57	70	13	56	58	2	81	13.64%
用户	24	19	75	22	4	144	2.10%	25	25	0	19	24	5	74	75	1	22	22	0	4	4	0	6	4.17%
竞争者	591	678	487	336	302	2394	34.88%	24	564	540	21	653	623	2	487	485	12	336	324	10	296	286	2059	86.01%

① A6i＝A1i＋A2i＋A3i＋A4i＋A5i（i＝股东、高管、员工、债权人、供应商、分销商、合作伙伴、用户、竞争者）。

② A7＝A6i/$\sum_{i=1}^{9}$A6i（i＝股东、高管、员工、债权人、供应商、分销商、合作伙伴、用户、竞争者）。

③ Bi＝Bi1＋Bi2（i＝1,2,3,4,5）。

④ B6＝B1＋B2＋B3＋B4＋B5。

⑤ Ri＝B6i/A6i（i＝股东、高管、员工、债权人、供应商、分销商、合作伙伴、用户、竞争者）。

益—权力"较高不对称,而供应商(20%)、分销商(26.67%)以及合作伙伴(13.64%)表现为"利益—权力"低不对称,而用户(4.17%)与债权人(0.77%)"利益—权力"不对称表现不显著。

五、政策"契合度"评价

利益相关者视角下创新政策的"契合性"评价与创新思路的核心是从既有政策与目标政策间在利益相关者"利益—权力"内容与结构上的契合性比较出发,进而提出区分性、层次性、针对性的创新政策创新方向与思路。具体而言,契合性比较应包括利益相关者的主体体现与"利益—权力"结构对称性两方面的内容,而比较形式应采用双指标整合的评估思路。

在实际契合性分析过程中,徐大可与陈劲(2004)指出政策设计的理念基础应包括政策问题与创新政策理论依据两个重要内容,因此,应从这两方面梳理与明确目标政策中利益相关者的契合性比较标准。在本研究环节,由于各区域间政策目标与技术发展阶段存在一定程度的差异性,在度量与统一上存在较大的难度。为了降低研究难度,本研究拟集中从创新政策理论视角出发,构建目标政策的契合性比较标准。其原因是:第一,创新政策的具体目标与技术创新理论演变存在显著的相关性,也就是说政策目标很大程度源于政策设计者对创新理论发展的理解与应用,这在创新政策演化的相关研究中获得了广泛的证据支持(苏英,2000;Cantner & Pyka,2001)。因此,通过创新政策理论依据可以一定程度上体现创新政策目标的内容与结构。第二,各区域间虽然存在政策目标上的差异性(蒋铁柱等,2001),但均嵌入于更高层面的国家创新政策体系的视角来看,本研究中的各地区政策样本在政策目标上存在更为广泛的一致性。第三,本书研究的问题是探索利益相关者视角下创新政策"契合性"评价与创新思路的工具化应用,更多属于探索性的研究与应用。

具体而言,本研究所采用的创新政策理论是盛亚(2008)提出的创新利益相关者三分结构,即通过利益相关者在技术创新过程中的"利益"与

"权力"诉求程度,将其划分为确定型、预期型与潜在型三类,该模型体现了利益相关者在技术创新过程中角色与地位上的异质结构与内容,契合具体的技术创新研究情景,同时也符合在研究理论与方法上的连贯性要求。

本研究首先对五个地区创新政策中利益相关者的"权力"与"利益"频数分布结果进行变量聚类分析。"权力"分布结构的两类聚类分析结果显示:第一类为合作伙伴(M =98.6)[①],表现为高"权力"分布;第二类为高管(M=60.2)、员工(M=57.2)、股东(M=19.2)、债权人(M=24.8)、供应商(M=3.4)、分销商(M=1.6)、用户(M=28.8)、竞争者(M=13.8),表现为低"权力"分布。"利益"分布结构的两类聚类分析结果显示:第一类为股东(M=471.8)、竞争者(M=467.2),表现为高"利益"分布;第二类为合作伙伴(M=118.8)、员工(M=112)、高管(M=111.8)、用户(M=30)、分销商(M=4.6)、供应商(M=2.6)、债权人(M=25.2),表现为低"利益"分布。聚类分析结果体现了创新政策中各利益相关者的主体分布地位以及其在"利益"与"权力"两维度上的分布结构,体现创新政策中各利益相关者在角色体现的重要程度上的差别。将聚类分析结果与盛亚(2009)的创新利益相关者三分结构进行对比,结果见表7-4。

表7-4　区域创新政策利益相关者主体的政策体现与理论期望对比表

利益相关者分类	"利益—权力"诉求特点	理论期望主体	政策体现主体
确定型	高利益与高权力	高管、用户	无
预期型	低利益与高权力或者高利益与低权力	股东、员工、供应商、分销商、竞争者、合作者	股东、竞争者、合作伙伴
潜在型	低利益与低权力	债权人	债权人、供应商、分销商、员工、高管、用户

---

① M 为五地相应指标的算数平均值,下同。

对比结果显示创新利益理论期望与政策体现之间存在较普遍的不契合。整体而言,表现最为不契合的利益相关者主体是高管与用户。企业技术创新活动的创新绩效和成功率很大程度上依赖高管的创新意识和创新精神,他们是技术创新活动的推动者、实施者和管理者。一方面,由于技术创新活动具有高度的不确定性与风险性,因此,需要高层管理者通过战略选择和创新决策影响企业的技术创新活动,这体现了高管在技术创新活动中的高"权力"属性;另一方面,由于现代企业制度的设立,企业所有权与经营权进一步分离,高层管理者自身在经济、地位以及职业生涯等方面的收益也很大程度上取决于其所在企业的经营绩效,这体现了高管在企业技术创新过程中的高"利益"属性。针对上述结论,本研究认为这一方面客观体现了区域创新政策中各利益相关者的相对地位;但另一方面也应认识到聚类分析结果本身也受到政策内在属性的影响。创新政策作为政府主导的外部激励措施,较少涉及企业内部利益相关者的权力分配与利益协调,如企业通过自身治理结构建设来完成股东与高管间的权力分配等,这使得上述聚类分析结果在契合比较方面存在一定的局限性。

针对这个局限性,本研究从"契合性"评价与创新思路出发,引入利益相关者主体分布率与利益相关者"利益—权力"对称率作为替代变量替代原有"利益"与"权力"分布频数进行修正的聚类分析。其中,用相对数据替代原有绝对数据有利于降低利益相关者分布结构对"利益—权力"对称性的影响。

修正后聚类分析的结果显示:第一类为竞争者与股东,体现为高的政策利益相关者分布率与高"利益—权力"结构对称;第二类为高管、员工与合作伙伴,体现为次高的政策利益相关者分布率与次高"利益—权力"结构对称;第三类为用户、债权人、供应商与分销商,体现为低的政策利益相关者分布率与低"利益—权力"结构对称。将修正后的聚类分析结果与创新利益相关者三分结构进行契合度比较,结果见表7-5。

表7-5 修正后区域创新政策利益相关者主体的政策体现与理论期望对比表

利益相关者分类	理论期望主体	政策契合主体
确定型	高管、用户	竞争者与股东
预期型	股东、员工、供应商、分销商、竞争者、合作者	合作者、员工、高管
潜在型	债权人	用户、债权人、供应商、分销商

本研究引入"契合度"概念度量"契合性"比较结果,即各利益相关者的政策体现与理论期望在三分结构中的序列级差来表示两者契合程度,用正(负)方向来表示政策中利益相关者政策体现相对于理论期望高对应低(低对应高)的级差方向,分析结果见表7-6。

表7-6 区域创新政策利益相关者契合度对比表

契合程度	利益相关者
高	债权人(0)、员工(0)
中	高管(1-)、分销商(1-)、供应商(1-)、股东(1+)、竞争者(1+)
低	用户(2-)

研究结果显示,债权人与员工表现为高契合水平的利益相关者群体;高管、供应商、分销商、股东与竞争者等群体表现为单位层级的不契合,即一般程度的不契合,其中高管、分销商与供应商为负向不契合,而股东、竞争者为正向不契合;最大水平的不契合体现在用户群体,存在两个单位层级的负向不契合。

六、基于"契合性"的政策创新建议

根据针对五个地区创新政策样本的"契合性"比较研究结果,本研究针对五个地区既有的创新政策提出以下的政策创新建议。

(一)强化多元化利益相关者主体体现的政策设计思路

针对我国区域创新政策量化分析结果显示,我国创新政策已经出现多样性、完备性利益相关者主体的政策特征,这部分体现了现有区域创新政策设计者已经开始关注企业技术创新的网络特征,并将各类利益相关者吸引到创新过程中来的设计理念,这与刘凤朝等(2007)等学者的研究成果具有一致性。但整体而言,这种设计思路转变与实际政策需求仍存在一定的差距,从量化结果可以看出,包括用户、高管、股东等重要的技术创新利益相关者在创新政策中体现较高的不契合性甚至是空白。究其原因,虽然客观上这与创新政策的外部激励属性存在一定的关联性,但这也从侧面反映了我国创新政策设计者仍然缺乏基于利益相关者方法的创新政策设计理念或者创新政策背景知识。Edquist(2001,2012)指出,现阶段政策研究中的最关键瓶颈问题在于"没有解决'给谁?给什么?给多少?具体怎么给?'",而利益相关者理论与方法为解决这个瓶颈问题提供了新的思路与路径,这也为创新政策设计者进一步将利益相关者理论与方法引入创新研究与设计环节提供了现实与紧迫的要求。

(二)降低企业导向创新政策设计思路的视角局限性

区域政策量化分析结果显示,股东、竞争者在创新政策中扮演核心的角色,这体现出现阶段以企业作为技术创新主体的政策导向,这也从利益相关者视角上支持了刘凤朝(2007)、彭纪生(2008)等学者的研究结果。以企业为政策对象主体的设计思路,相对传统"计划经济"模式下的政策设计理念具有显著的进步意义,但也可能导致现阶段创新政策一定程度上存在政策对象与政策措施的局限性。首先,刘启华(2007)指出现阶段创新政策在很大程度上只着眼于企业,而非创新研发活动或项目,如针对软件企业的增值税"即征即退"、所得税"两免三减半"等政策,多以企业而非技术研发项目为政策作用的对象;其次,从量化结果看,现有创新政策强调对企业内部利益相关者的激励远远大于对企业外部利益相关者的激励,这将导致创新政策推动企业创新网络构建方面存在对象引导与激励措施的空白与不足。因此,五个地区政策样本的创新与再设计应强调现代技术创新理论背景下的多元化利益相关者内涵与特征,从利益相关者网络与利益相关者"利益—权力"视角理解与认知创新政策与利益相关者创新资源投入间的作用关系,进而摒弃传统"企业—市场"二分的政策设计理念,降低传统企业导向创新政策设计可能存在的视角局限。

(三)改变"供给推动"单向政策手段为"供需并重"双向政策手段

五个区域政策量化研究结果显示,我国创新政策中各利益相关者的"利益—权力"不对称问题比较突出,普遍体现为重利益、轻权力。这部分反映出我国现有创新政策设计更加强调供给层面的技术创新资源投入,而相对忽略对各利益相关者技术创新能力培养的政策局限。长期以来,我国技术管理体制体现为计划经济体制性质、政府导向以及集中于"市场失灵"问题的单项政策工具(刘凤朝,2007),在此背景下,创新政策工具设计的主要手段是推动、促进与鼓励政府对技术创新活动的资源配给,但这种政策设计思路在现代技术创新过程模式背景下面临明显的局限与不足。肖美凤(2012)指出我国政府对企业 R&D 的直接财政补贴对企业 R&D 支出具有显著的挤出效应。贺玲(2012)对我国科技进步统计监测结果的对比研究结果显示,我国各省份的 R&D 投入及经费强度都在显著增加,但相应的科技活动产出成效却不容乐观,企业技术创新能力整体有待提高。辜秋琴(2008)指出我国创新政策制定与执行政策的不足,导致"寻租"空间较大,技术创新还没有成为企业寻求发展机会的第一选择。整体而言,由于现代技术创新过程模式发展使得企业技术创新行为已从传统的内部职能实现发展到一个广泛利益相关者协同参与的网络行为。因此,对企业技术创新活动的政策激励,一方面仍然需要为企业提供广泛的技术创新资源配给,以降低其面临的技术创新风险,提高其技术创新动力;但另一方面,更需要通过需求与环境层面的政策设计提高企业利益相关者的资源投入与创新协同水平,进而提高企业的技术创新能力。整体而言,由于我国现阶段企业技术创新水平与动机还普遍较低,企业所能承担的技术创新风险与不确定水平整体还非常弱,因此,在强调"供给推动"政策手段的同时,仍然不能忽略传统"需求拉动"政策手段的重要性。即在未来创新政策设计过程中,应积极推动政策手段形式转变,变传统"供给拉动"单向政策手段为"供需并重"的双向政策手段。

（四）针对具体利益相关者采取区分化、分层化、针对性的政策创新措施

本研究通过既有政策与目标政策间在利益相关者内容（主体体现）与结构（对称程度）上的契合性比较，区分与聚类了既有政策中各利益相关者的"契合性"水平，进而为开展针对各利益相关者间契合层次划分的区分性、分层性与针对性政策创新提供了设计思路与方向，即高不契合的利益相关者群体应较低不契合的利益相关者群体具有更高的优先与重点设计体现。整体而言，这种基于利益相关者契合分层结果的创新政策设计思路体现了技术创新过程中利益相关者的内在异质性与异质性程度，也体现出创新政策设计在各利益相关者对象上的重要性与紧迫性程度，符合关注核心利益相关者诉求、兼顾边缘利益相关者的利益相关者管理基本思路。

本书区域创新政策量化结果与盛亚（2009）分类模型的契合性比较显示，用户存在最大水平的负向不契合（-2）；高管（-1）、供应商（-1）、分销商（-1）等也表现为较大程度负向不契合；而股东（1+）与竞争者（1+）存在一定程度的正向不契合。因此，五个地区创新政策样本的政策创新重点应包括：

第一，重点加强针对用户主体的政策内容设计。契合性比较结果显示，用户存在两个层级水平上的负向不契合，这体现出现有创新政策在用户角色的政策体现上存在显著的不足，这种不足不仅仅体现为创新政策中用户群体在政策体现绝对量上的不足，还体现在政策中用户"利益—权力"体现结构上的不平衡。因此，五个地区创新政策创新过程中，应首要强调与关注面向用户群体的政策内容设计，具体而言可通过法规管制、政府外包与采购等政策条款设计，通过鼓励、促进质量标准、环保标准和消费者权利保障体系（高忠义，2006；李伟红，2006）等建设，以及推动"供给型政府"向"需求型政府"的转变，即通过提高政府采购标准与质量（王丛虎，2006）、推动产学研合作（连燕华，1996；孙伟，2009）、完善招投标与质量控制制度（马理，2004）等，推动产业标准的形成与企业技术创新水平的提高。

第二，强化高管、供应商与分销商的政策内容设计。契合性比较结果显

示,高管、供应商与分销商等存在单位水平上的负向不契合。从高管角度看,这不仅体现在反映高级人才"利益"与"权力"的政策条款仍有待加强,而且还应在创新政策中保障高管有效待遇与福利保障的前提下,通过针对性政策内容设计推动高级人才技术创新知识与决策水平的提高。具体而言,作用于高管群体的创新政策主要集中于人力资源子类政策,其主要措施应包括:加强人力资源政策中高级人才的政策内容与政策比重,营造与构建尊重人才、重视人才以及发展人才的政策导向;加强人才引进环节的制度建设与福利配给(范柏乃,2000);强调高级人才的知识交流与能力培训(娄伟,2006)以及通过推优、表彰、职称等外部表彰制度提高与干预高级人才在技术创新环节的决策能力与决策地位。从供应商与分销商角度看,现有创新政策体现出在推动企业技术创新的上下游整合、强化产业链的协同互动上仍存在一定的不足。具体而言,所对应的政策创新重点应包括:鼓励龙头企业通过技术引进、整合与扩散,推动产业链层面的劳动生产率提升(林森,2001);强化面向全产业链的财税与资金政策设计(郑伟,2007);推动贸易自由化与统一市场的形成(庞艳桃等,2002)以及鼓励企业开展区域外科研与营销分支机构(薛澜等,2001)的建设与交流活动等。

第三,市场导向化的股东与竞争者政策设计。契合性比较结果显示,股东与竞争者存在单位水平上的正向不契合,其原因与现有创新政策以企业为政策对象主体以及供给政策为主体政策形式的政策导向有关。因此,也带来股东、竞争者群体存在政策内容与结构体现上的不足。这些不足主要体现在:首先,既有政策过于强调企业主体(股东与竞争者)的体现,而缺乏从创新网络的利益相关者视角来理解与推进技术创新。其次,创新政策的普惠制导致政策在针对企业层面主体的激励上缺乏区分性与针对性。最后,现有供给政策导向的政策结构强调增加企业主体(股东与竞争者)的人才、信息、技术、资金等支持,改善技术创新相关要素的供给状况。但这种供给导向的政策结构也可能导致企业主体(股东与竞争者)在技术创新政策中的"利益—权力"不对称,进而导致政策激励作用的有效性不足与政策"寻租"现象的发生。因此,在创新政策的创新过程中应重点采取以下政策调整措施:首先,多元化政策主体设计思路的贯彻与落实,以推动技术创新中多元化利益相关者政策协同效应的产生;其次,通过专项政策、政策门槛以及政策细则等设计措施的采用,提高创新政策在企业主体对象上的区分性与针对性;最后,突破原有突出强调供给政策内容的政策设计思路,强化环境与需求层面的政策内容设计,推动构建公平、公正与市场导向化的创新政策体系,即在保障对企业主体创新资源有效供给的同时,更应强调创新政策资源通过市场机制导向在企业间的差别化分配与创新资源协同,以提高企业主体整体创新能力的提升。

(五)更加强调针对区域、行业以及发展阶段的政策特色化设计

对五个地区创新政策量化结果的对比分析显示,从利益相关者视角而言,现有区域创新政策存在趋同性特征。这一方面体现出我国各区域政府在出台创新政策过程中受国家创新战略与宏观目标的导向与约束影响;另一方面,这也是各区域间"优秀"创新政策实践的交互学习与经验扩散的结果。因此,本研究一方面为已有区域政策趋同化的论点(赵修卫,2006;Mytelka etc.,2002)提供了一个利益相关者视角上的补充;但另一方面,客观上也为各区域应根据自身创新禀赋与差异特征来建设差异化的区域创新政策体系提出了要求。大量研究显示,区域创新系统存在巨大的差异性。Jawahar(2001)指出企业不同生命周期阶段中,各利益相关者具有不同的角色地位与作用,需要不同的管理策略;现有研究(Robson,1988;Von Hippel,2007)结果显示各行业间在技术创新过程中存在巨大的差异性,Nelson 和 Rosenberg(1993)也指出在不同行业中存在创新网络主体与结构间的不同。因此,现阶段不同区域创新政策的趋同性倾向,并不能代表各区域对"优秀"创新政策实践的共识,而更多体现各地区在设计与发展具有自身区域、行业以及企业发展阶段的特色性政策设计环节上的不足。在未来的政策设计与重构环节,政策设计者应充分调研与把握区域产业结构、创新特征以及网络特点,设计出面向区域的具有时效性、针对性与特征性的创新政策。

第八章　研究总结

第一节　主要研究结论

随着第五、六代技术创新过程模式的兴起,技术创新已经成为各利益相关者组成的创新网络的共同活动(盛亚,2009)。但现有创新政策测量、评价与创新实践面临创新政策在作用机理研究上的理论与实践局限性:一方面,研究结论存在解释力与一致性上的不足;另一方面,研究结论很难解决政策设计环节中"给谁""给多少""怎么给"的问题(Edquist,2001,2012)。对相关文献的进一步梳理显示,上述不足在很大程度上源于现有创新政策机理研究在创新政策与创新资源投入间的关系研究环节存在视角、概念与变量引入等方面的局限性。针对这些局限性,本书将利益相关者视角与方法引入创新政策研究领域,并借鉴 Donaldson 的规范性、描述性与工具性三分结构框架,设计、组织与实施了利益相关者"利益—权力"视角下创新政策与利益相关者创新资源投入间的作用关系研究,进而提出了基于利益相关者视角下创新政策测量、评价与创新的"契合性"评价与创新思路与方法。整体而言,本书获得了以下的主要研究成果与结论:

一、基于 Donaldson 三分模型的利益相关者研究文献梳理

Donaldson(1995)指出以往利益相关者研究在概念与研究上的混乱源于研究类型的混淆,进而提出规范性、工具性与描述性的利益相关者研究三分框架。虽然该框架模型在利益相关者研究领域获得了广泛的认可与应用,但至今仍缺乏基于该模型思路的利益相关者研究的综述成果。本书从

这个研究空白出发,基于三分框架模型对现有利益相关者的经典研究成果进行了系统的梳理与回顾,这为厘清现有利益相关者研究的研究脉络、整合利益相关者研究的研究成果以及本研究概念框架的形成均提供了综述性成果。另外,本书还针对技术创新中利益相关者研究进行了基于三分框架模型的专项文献梳理,这对于处于起步与发展阶段的该领域研究而言,具有更加现实、紧迫与导向的意义,也为本研究提供了在技术创新利益相关者主体、内容以及异质性等范畴上的理论依据。

二、创新政策研究引入利益相关者的规范性与描述性论证

创新政策引入利益相关者的规范性与描述性论证是开展利益相关者视角下创新政策与作用关系研究的前提与基础。本书从"合法性"与"合理性"两个角度开展针对创新政策研究中引入利益相关者的规范命题论证,即"创新政策研究为什么需要引入利益相关者视角"。在"合法性"论证环节,本书从公共政策属性、特征与社会功能实现等角度出发,结合现代企业理论的相关研究成果,系统论证了创新政策需引入利益相关者的必然性;而在"合理性"论证环节,本书引入了巴格丘斯(2007)的有效政策设计的"匹配性"模型,即从政策工具特征与政策问题、目标受众特征以及环境情景三者相契合性角度出发,分析与论证了在技术创新政策中引入利益相关者视角的必要性。上述论证结果支持了"创新政策研究需要引入利益相关者视角"这个规范性命题,也为后续的作用关系研究提供了规范性前提。

针对创新政策研究中利益相关者的描述性问题论证,本研究将研究问题进一步具化为"如何甄别创新政策中的利益相关者主体"与"如何界定与度量创新政策中各利益相关者间的异质性"两个描述性的问题。在利益相关者主体甄别环节,本书通过系统梳理现有的经典利益相关者概念模型,从政策实践性、概念可行性以及创新情景契合性等角度出发,系统比较与论证了相关概念模型间的优劣性,并最终提出了创新政策研究中的九大利益相关者主体模型,为开展工具性研究提供了主体与概念界定基础。针对利益相关者异质性的界定与度量问题,本书系统梳理、分析与对比了经典的利益

相关者异质性界定与分类模型,指出关系导向分类思路并不适合于创新政策研究的研究情景与实践需要;进而从内容导向分类思路出发,在 Freeman (1984,2010)与盛亚(2008)等人研究成果的基础上,提出创新政策研究中利益相关者"利益—权力"维度的异质性描述与度量模型。创新政策研究中利益相关者的描述性命题论证为开展利益相关者的工具性研究提供了在利益相关者概念、主体与内容上的概念与界定基础。

三、创新政策与利益相关者创新资源投入间作用关系的剖析

为了打开创新政策影响利益相关者创新资源投入的这一作用"黑箱",本书首先采用了多案例研究思路并结合扎根理论编码方法,理论抽样并分析了具有代表性的企业样本,探索性地构建了创新利益相关者视角下创新政策通过作用于利益相关者"利益—权力"内容与结构体现,进而影响其创新资源投入的创新政策作用关系的概念模型。本书进一步通过针对各利益相关者独立开展大样本调查与统计,进而对概念模型与相关假设进行了实证检验,最终形成了利益相关者视角下创新政策与利益相关者创新资源投入间作用关系的最终研究结论。主要研究结论如下:第一,各分类创新政策具有其特征性的政策作用于利益相关者主体与内容。具体而言,供给政策作用于高管、员工、合作者、股东以及竞争者的"利益—权力"体现;环境政策作用于股东与竞争者的"利益—权力"体现;而需求政策作用于合作者、股东与竞争者的"利益—权力"体现。第二,创新政策作用于利益相关者的"利益"体现程度、"权力"体现程度以及"利益—权力"结构对称程度对利益相关者的创新资源投入均有正向的影响作用。这为开展作用关系研究结论的工具化应用提供了理论基础与设计思路。

四、利益相关者视角下创新政策测量、评价与创新的"契合性"方法

本书进一步开展了针对作用关系研究结论的工具化应用,提出了基于利益相关者视角的创新政策的"契合性"评价与创新思路,包括以下核心内

容:通过对比既有政策与目标政策间在利益相关者"利益—权力"上的主体体现与对称结构的"契合性",进而提出政策的创新与再设计方向与思路;构建多重性、二元化的创新政策分类工具,为政策评价标准制定与政策内容设计提供设计依据;以及通过针对性的政策创新,调整创新政策中各利益相关者在"利益—权力"内容与结构上的体现,以降低既有政策与目标政策间的不契合水平。本书还从"契合性"设计思路的实践出发,开发了一套利益相关者视角下的创新政策量化方法与工具,并以京、沪、浙、粤与苏五个地区域创新政策为研究样本开展了政策评价与创新实践。政策评价结果显示,五个区域创新政策样本中债权人与员工表现为高契合水平的利益相关者群体;高管、供应商、分销商、股东与竞争者等群体表现为单位层级的不契合,即一般程度的不契合,其中高管、分销商与供应商为负向不契合,而股东、竞争者为正向不契合;最大水平的不契合体现在用户群体,存在两个单位层级的负向不契合。最后,基于政策评价结果,本书还提出了针对五个地区创新政策样本的具体政策创新思路与建议,主要包括:强化多元化利益相关者主体体现的政策设计思路、强调政策在利益相关者主体与利益相关者内容的目标导向、向"供需并重"双向设计转换、针对区域(行业、阶段)的特色性政策设计等创新思路,以及针对具体利益相关者的具体政策措施建议等。本环节研究是创新政策工具性研究的总结与实践,为利益相关者视角下的创新政策设计提供了思路、方法与工具上的系统成果。

第二节　研究局限与展望

本研究客观上存在主体宽泛、内容复杂、调研困难以及以往研究缺乏等一系列的问题与困难,因此,在研究中对部分研究内容采取了简化或降维处理,这可能带来一定的研究局限性,总结如下:

第一,缺乏从网络视角理解技术创新与创新政策中的利益相关者间关系。技术创新虽然在本质上是利益相关者的共同行为,但实际上企业技术创新利益相关者是通过网络的方式予以组织。因此,从网络视角理解利益相关者以及利益相关者间关系是重要的研究范畴。但本书根据研究目的，从独立利益相关者主体的角度理解与解构企业技术创新网络，而并没有涉及网络密度、网络中心度以及网络强度等传统的网络概念，这一方面是为了简化本书的研究内容，降低研究难度；但另一方面，传统的网络理论建立在结构导致行为的理论假设上，将网络中的构成主体类化成无差别的"网络节点"，这违背了技术创新中利益相关者"异质性"这一重要命题，同时针对本研究而言，也无助于"给谁？""给什么？""给多少？""具体怎么给？"这些政策研究瓶颈问题的解决。总而言之，本书缺乏从网络视角理解技术创新与创新政策中各利益相关者间的关系，具有其在研究设计上的必要性，但客观上也是研究所存在的局限性之一。

第二，作用关系研究中的研究对象简化操作。为了降低研究难度、突出研究结论，本书在作用关系研究环节对研究对象进行了简化处理，即通过政策体现与创新角色两个维度的筛选，选取合作者、高管、员工以及股东作为创新政策中的关键利益相关者群体，开展作用关系环节的研究。这种聚焦于核心利益相关者的简化操作，必然带来研究在外部效度上损失，即创新政策对非核心利益相关者群体的作用关系并未通过规范化的模型构建与假设检验，也是本书为保证研究可行性而主动采取的效度牺牲。

第三，作用关系研究中政策分类与"利益—权力"的降维操作。由于研究难度与论文篇幅等方面的限制，本书在作用关系研究环节对政策分类、利益相关者"利益—权力"内容分类以及利益相关者创新投入进行了简化或者降维处理，即从供给、环境与需求以及"利益"与"权力"的分类层面界定作用关系研究中的政策分类与内容分类。这些因素可能造成最终模型在模型解释力上的损失，这也是本书围绕研究目的与可行性而在研究内容上的妥协。

第四，缺乏创新政策情境下利益相关者间协同性研究。本书对技术创新中利益相关者的理解，一方面体现了利益相关者在技术创新过程中的异质性；另一方面，也存在将利益相关者视为独立行为倾向的主体，但在现实实践中，各利益相关者由于内外部的网络联结共同构成企业的创新社会资本。这也就是说,还需要从各利益相关者间的主体关系与互动行为角度进一步剖析利益相关者对企业技术创新的影响。这也是本研究可能存在的局限性之一。

第五,对股东"利益—权力"范畴的再界定以及股东与竞争者在评估环节上的对等处理。股东在企业技术创新过程中更多属于内部利益相关者的范畴,其在技术创新过程中的"利益—权力"体现主要通过企业内部治理机制予以实现。根据 Freeman(2010)对股东在企业中的角色阐述,本书基于企业整体层面,理解与界定股东角色的"利益—权力"范畴,进而对创新政策中股东的"利益—权力"内容界定进行了部分的修正。这些内容的修正获得盛亚(2009)、Freeman(2010)以及盛亚和陈剑平(2013)等人研究成果的支持,同时也获得本书在理论构建与实证环节的研究支持。童光辉(2013)指出由于创新政策对于行业内的企业而言,存在受益范围的"非排他性"与供给水平的"非竞争性"特点。因此,在进一步的研究环节中,本书从政策的普惠制、股东与竞争者的辩证性以及两者在"利益—权力"内容上的重叠性出发,对股东与竞争者进行了整体上的对等处理①,这一方面进一步降低了研究的整体难度;但另一方面也可能带来模型解释力的降低。

第六,政策测量工具设计与应用环节的局限性。首先,本研究在政策测量环节引入创新政策利益相关者主体的全模型,即在合作者、高管、员工以及股东的基础上,增加了供应商、债权人、竞争者、分销商与用户等全部利益相关者主体。针对这部分利益相关者的政策测量标准制定是通过专家评估与多人编码的方式形成的,这虽然是降低研究难度、提高研究可行性的必要措施,但也必然带来工具设计与应用环节的信效度损失。其次,在政策测量环节不可避免地引入主观判断方式,这可能对政策测量工具设计与应用的信效度水平带来污染。再次,量化环节没有考虑创新政策本身所内含的力度与范围等重要变量。最后,测量环节还忽略了创新政策中行业、规模以及

① 针对龙头企业等特指对象的政策情景下,在政策量化评估标准内对股东与竞争者进行了部分区分与增减处理。

技术发展阶段的组间差异。

　　第七,政策样本的"契合性"比较环节缺乏引入政策目标的考量。徐大可与陈劲(2004)指出,创新政策设计理念源于两个重要内容:创新政策目标以及技术创新理论基础。本书从研究目的与研究可行性出发,从技术创新理论角度构建政策契合性的比较模型,并没有考虑个别区域间在创新政策目标上可能存在的差异。虽然本书对这种操作的合理性进行了论证与解释,但其必然给五个区域的政策契合性比较结果带来一定的信效度损失,这也是本研究可能存在的不足之一。

　　以上的研究局限将作为未来研究的重点与出发点,在未来研究中予以进一步的剖析与解决。

参 考 文 献

［1］ Armen A. Alchian, Harold Demsetz, "Production, Information Costs, and Economic Organization", *The American Economic Review*, Vol. 62, No. 5 (1972), pp.777-795.

［2］ K.J.Arrow, "Economic Welfare and the Allocation of Resources for Invention", *Nber Chapters*, Vol. (1962), pp.609-626.

［3］ Asheim Bjorn, Coenen Lars, Moodysson Jerker, et al, "Constructing Knowledge-based Regional Advantage: Implications for Regional Innovation Policy", *International Journal of Entrepreneurship & Innovation Management*, Vol.7, No.2-5(2007), pp.140-155.

［4］ Baysinger Barry D., Kosnik Rita D., Turk Thomas A., "Effects of Board and Ownership Structure on Corporate R&D Strategy", *Academy of Management Journal*, Vol.34, No.1(1991), pp.205-214.

［5］ Blair Margaret, M., "Ownership and Control: Rethinking Corporate Governance for the Twenty-first Century", *Long Range Planning*, Vol.3, No.29 (1996), pp.432.

［6］ Blair Margaret, M., Stout Lynn, A., "A Team Production Theory of Corporate Law", *Virginia Law Review*, Vol.85, No.2(1999), pp.247-328.

［7］ Bonaccorsi Andrea, Piccaluga Andrea, "A Theoretical Framework for the Evaluation of University-Industry Relationships", *R&D Management*, Vol.24, No.3(2010), pp.229-247.

［8］ Bryant Kevin, "Promoting Innovation. An Overview of the Application of Evolutionary Economics and Systems Approaches to Policy Issues", *Frontiers of Evolutionary Economics*: *Competition*, *Self-organization and Innovation Policy*, Edward Elgar, Cheltenham, Reino Unido, Vol.(2001), pp.361-383.

[9] Busom Isabel, "An Empirical Evaluation of The Effects of R&D Subsidies", *Economics of Innovation & New Technology*, Vol. 9, No. 2 (2000), pp. 111-148.

[10] Cantner Uwe, Pyka Andreas, "Classifying Technology Policy from an Evolutionary Perspective", *Research Policy*, Vol.30, No.5(2001), pp.759-775.

[11] Carroll Archie, B., "A Three-Dimensional Conceptual Model of Corporate Performance", *Academy of Management Review*, Vol.4, No.4(1979), pp. 497-505.

[12] Chesbrough, H.W., *Open Innovation*: *The New Imperative for Creating and Profiting from Technology*, Brighton: Harvard Business School Press, 2003, pp.325-326.

[13] Clarkson, M.B.E., "A Stakeholder Framework for Analyzing and Evaluating Corporate Social Performance", *Academy of Management Review*, Vol. 20, No.1(1995), pp.92-117.

[14] Coase, R.H., "The Nature of the Firm", *Economica*, Vol.4, No.16 (1937), pp.386-405.

[15] Cornell Bradford, Shapiro Alan, C., "Corporate Stakeholders and Corporate Finance", *Financial Management*, Vol.16, No.1(1987), pp.5-14.

[16] Donaldson Thomas, Preston Lee, E., "The Stakeholder Theory of the Corporation: Concepts, Evidence, and Implications", *Academy of Management Review*, Vol.20, No.1(1995), pp.65-91.

[17] Drucker, P.F., *The Practice of Management*, N.Y: Harper Business Press, 1954.

[18] Easton, D., *The Political System*, N.Y: Knopf Press, 1954.

[19] Edquist Charles, *Innovation Policy-A Systemic Approach*: *The Globali-*

zing Learning Economy, Oxford: Oxford University Press, 2000, pp.91–99.

[20] Eickelpasch Alexander Friedrich, Fritsch Michael, "Contests for Co-operation: A New Approach in German Innovation Policy", *Research Policy*, Vol. 34(8)(2005), pp.1269–1282.

[21] Eisenhardt Kathleen, M., Graebner Melissa, E., "Theory Building From Cases: Opportunities And Challenges", *Academy of Management Journal*, Vol.50, No.1(2007), pp.25–32.

[22] Elias Arun A., Cavana Robert Y., Jackson Laurie S., "Stakeholder Analysis for R&D Project Management", *R & D Management*, Vol. 32, No. 4 (2002), pp.301–310.

[23] Ergas Henry, "Does Technology Policy Matter?", *Technology and Global Industry*, Vol.(1987), pp.191–245.

[24] Fagerberg Jan, Mowery David, C., Nelson Richard R., *The Oxford Handbook of Innovation*, Oxford: Oxford University Press, 2005.

[25] Frederick William C., Post James E., Davis Keith, *Business and Society: Corporate Strategy, Public policy, Ethics*, N.Y: McGraw-Hill, 1992.

[26] Freeman, C., "Networks of Innovators: A Synthesis of Research Issues", *Research Policy*, Vol.20, No.5(1991), pp.499–514.

[27] Freeman, R.E., *Strategic Management: A Stakeholder Approach*, Cambridge: Cambridge University Press, 1984.

[28] Freitas Tunzelmann Nick Von, "Mapping Public Support for Innovation: A Comparison of Policy Alignment in the UK and France", *Research Policy*, Vol.37, No.9(2008), pp.1446–1464.

[29] Friedman Milton, *Capitalism and Freedom: With the Assistance of Rose D. Friedman*, Chicago: University of Chicago Press, 1962, pp.220–232.

[30] Frooman, J., Murrell, A. J., "Stakeholder Influence Strategies: The Roles of Structural and Demographic Determinants", *Business & Society*, Vol.44, No.1(2005), pp.3–31.

[31] Frooman Jeff, "Stakeholder Influence Strategies", *Academy of Management Review*, Vol.24, No.2(1999), pp.191-205.

[32] Gebauer Andrea, Nam Chang Woon, Parsche Rüdiger, "Regional Technology Policy and Factors Shaping Local Innovation Networks in Small German cities", *European Planning Studies*, Vol.13, No.5(2005), pp.661-683.

[33] Grossman Sanford, J., Hart Oliver, D., "The Costs and Benefits of Ownership: A Theory of Vertical and Lateral Integration", *Journal of Political Economy*, Vol.94, No.4(1986), pp.691-719.

[34] Hadjimanolis Athanasios, Dickson Keith, "Development of National Innovation Policy in Small Developing Countries: the Case of Cyprus", *Research Policy*, Vol.30, No.5(2001), pp.805-817.

[35] Hart Oliver, D., *Firm, Contracts, and Financial Structure*, Oxford: Clarendon Press, 1995.

[36] Hill Charles, W. L., Jones Thomas, M., "Stakeholder Agency Theory", *Journal of Management Studies*, Vol.29, No.2(1992), pp.131-154.

[37] Hippel Eric Von, *The Sources of Innovation*, Oxford: Oxford University Press, 1988.

[38] Huang Chi Yo, Shyu Joseph, Z., Tzeng Gwo Hshiung, "Reconfiguring the Innovation Policy Portfolios for Taiwan's SIP Mall Industry", *Technovation*, Vol.27, No.12(2007), pp.744-765.

[39] Hyytinen Ari, Toivanen Otto, "Do Financial Constraints Hold Back Innovation and Growth?", *Hanken School of Economics*, Vol.(2005).

[40] Galaskiewicz J., "The 'New Network Analysis' and Its Application to Organizational Theory and Behavior", *Networks in Marketing*, Vol.34(1996), pp.454-479.

[41] Jawahar, I. M., Mclaughlin Gary, L., "Toward a Descriptive Stakeholder Theory: An Organizational Life Cycle Approach", *Academy of Management Review*, Vol.26, No.3(2001), pp.397-414.

[42] Johansson B. Rje, Karlsson Charlie, Backman Mikaela, "Innovation Policy Instruments", *CESIS*, Vol.(2007), pp.195-205.

[43] Johnson Gerry, Scholes Kevan, *Exploring Corporate Strategy: Text & Cases*, Englewood: Financial Times Prentice Hall, 2004, pp.21-25.

[44] Jones Oswald, Conway Steve, Steward Fred, "Introduction: Social Interaction and Innovation Networks", *International Journal of Innovation Management*, Vol.2, No.02(1998).

[45] Karlsen Jan Terje, "Project Stakeholder Management", *Engineering Management Journal*, Vol.14, No.4(2002), pp.19-24.

[46] Klochikhin Evgeny, A., "Russia's Innovation Policy: Stubborn Path-dependencies and New Approaches", *Research Policy*, Vol.41, No.9(2012), pp.1620-1630.

[47] Kogut Bruce, Metiu Anca, "Open-Source Software Development and Distributed Innovation", *Oxford Review of Economic Policy*, Vol. 17, No. 2 (2001), pp.248-264.

[48] Laranja Manuel, Uyarra Elvira, Flanagan Kieron, "Policies for Science, Technology and Innovation: Translating Rationales into Regional Policies in a Multi-level Setting", *Research Policy*, Vol. 37, No. 5 (2008), pp.823-835.

[49] Lasswell Harold Dwight, Cook Thomas, I., Kaplan Abraham, et al, "Power and Society: A Framework for Political Inquiry", *Ethics*, Vol.48, No.22 (1951), pp.690-692.

[50] Lipsey Mark, W., Wilson David, B., *Practical Meta-Analysis*, Thousand Oaks: Sage Publications, Inc., 2001.

[51] Mitchell Ronald, K., Agle Bradley, R., Wood Donna, J., "Toward a Theory of Stakeholder Identification and Salience: Defining the Principle of who and What Really Counts", *Academy of Management Review*, Vol. 22, No. 4 (1997), pp.853-886.

[52] Montresor Sandro, "Regional Innovation Policy and Innovative Behaviours. A Propensity Score Matching Evaluation", *Alberto Marzucchi*, Vol. 2012–05(2012).

[53] Mytelka Lynn, K., Smith Keith, "Policy Learning and Innovation Theory: An Interactive and Co-evolving Process", *Research Policy*, Vol. 31, No. 8 (2002), pp.1467–1479.

[54] Nelson Rosenberg, *National Innovation Systems: A Comparative Analysis*, Oxford: Oxford University Press, 1993.

[55] Pfeffer Jeffrey, Salancik Gerald, R., "The External Control of Organizations: A Resource Dependence Perspective", *Social Science Electronic Publishing*, Vol.23, No.2(2003), pp.123–133.

[56] Robson, M., Townsend, J., Pavitt, K., "Sectoral Patterns of Production and Use of Innovations in the UK: 1945 – 1983", *Research Policy*, Vol.17, No.1(1988), pp.1–14.

[57] Rothwell, R. Zegveld, W., *Reindusdalization and Technology*, London: Logman Group, 1985.

[58] Rothwell Roy, "Technology-Based Small Firms and Regional Innovation Potential: The Role of Public Procurement", *Journal of Public Policy*, Vol. 4, No.4(1984), pp.307–332.

[59] Rothwell Roy, "Towards the Fifth-generation Innovation Process", *International Marketing Review*, Vol.11, No.1(1994), pp.7–31.

[60] Rowley Timothy, J., "Moving beyond Dyadic Ties: A Network Theory of Stakeholder Influences", *Academy of Management Review*, Vol. 22, No. 4 (1997), pp.887–910.

[61] Savage, G.T., Nix, T.W., "Whitehead C.J., et al. Strategies for Assessing and Managing Organizational Stakeholders", *The Executive*, Vol. 5 (2) (1991), pp.61–75.

[62] Scherer F. M., "Inter-industry Technology Flows in the United

States", *Research Policy*, Vol.11, No.4(1982), pp.227-245.

[63] Searle Rosalind, H., "Supporting Innovation through HR Policy: Evidence from the UK", *Creativity & Innovation Management*, Vol. 12, No. 1 (2003), pp.50-62.

[64] Stoney Christopher, Winstanley Diana, "Stakeholding: Confusion or Utopia? Mapping the Conceptual Terrain", *Journal of Management Studies*, Vol. 38, No.5(2001), pp.603-626.

[65] Su Chenting, Mitchell Ronald, K., Sirgy M.Joseph, "Enabling Guanxi Management in China: A Hierarchical Stakeholder Model of Effective Guanxi", *Journal of Business Ethics*, Vol.71, No.3(2007), pp.301-319.

[66] Tullberg Jan, "Stakeholder theory: Some Revisionist Suggestions", *The Journal of Socio-Economics*, Vol.42, No.323(2012), pp.127-135.

[67] V. Weyer M., "Ideal world", *Management Today*, Vol. (1996), pp. 35-38.

[68] V. Werder Axel, "Corporate Governance and Stakeholder Opportunism", *Organization Science*, Vol.22, No.5(2011), pp.1345-1358.

[69] Vedung Evert, "Public Policy and Program Evaluation", *Administrative Science Quarterly*, Vol.44, No.2(2000), pp.160-161.

[70] Von Hippel Eric, "Horizontal Innovation Networks—by and for Users", *Industrial & Corporate Change*, Vol.16, No.2(2007), pp.293-315.

[71] Wheeler David, Sillanpa A. Maria, "Including the Stakeholders: The Business Case", *Long Range Planning*, Vol.31, No.2(1998), pp.201-210.

[72] Whitehead Carlton, J., Blair John, D., "Strategies for Assessing and Managing Organizational Stakeholders", *Executive*, Vol. 5, No. 2 (1991), pp. 61-75.

[73] Winter Sidney, G., Nelson Richard, R., *An Evolutionary Theory of Economic Change*, Cambridge City: Harvard University Press, 1982.

[74] Wong Bernard, *Understanding Stakeholder Values as a Means of Deal-*

ing with Stakeholder Conflicts, Boston: Kluwer Academic Publishers, 2005, pp. 429-445.

[75] Woolcock Michael, Narayan Deepa, "Social Capital: Implications for Development Theory, Research, and Policy", *World Bank Research Observer*, Vol. 15, No.2(2000), pp.225-249.

[76] Yin, R., Thousand Sage, *Case Study Research: Design and Methods* (4th ed.), Thousand Oaks: Blackwell Science Ltd., 2002, pp.108.

[77] 安德森·詹姆斯:《公共决策》,华夏出版社1990年版。

[78] 陈宏辉:《企业利益相关者的利益要求:理论与实证研究》,经济管理出版社2004年版。

[79] 陈宏辉:《企业的利益相关者理论与实证研究》,浙江大学博士学位论文,2003年。

[80] 陈宏辉、贾生华:《企业利益相关者三维分类的实证分析》,《经济研究》2004年第4期。

[81] 陈剑平、盛亚:《创新政策激励机理的多案例研究——以利益相关者权利需求为中介》,《科学学研究》2013年第7期。

[82] 陈劲、王飞绒:《创新政策:多国比较和发展框架》,浙江大学出版社2005年版。

[83] 陈潭:《公共政策学》,湖南师范大学出版社2003年版。

[84] 陈向东、胡萍:《我国技术创新政策效用实证分析》,《科学学研究》2004年第1期。

[85] 陈向东、胡萍:《技术创新政策特点和效应的国际比较——以中、美、韩、法等国为例》,《中国科技论坛》2003年第2期。

[86] 陈晓萍:《组织与管理研究的实证方法》,北京大学出版社2008年版。

[87] 陈振明:《公共政策学:政策分析的理论方法和技术》,中国人民大学出版社2004年版。

[88] 池仁勇、唐根年:《基于投入与绩效评价的区域技术创新效率研

究》,《科研管理》2004 年第 4 期。

[89] 崔萍:《承接服务外包对企业技术创新的影响——基于我国 IT 行业上市公司面板数据的实证研究》,《国际经贸探索》2010 年第 8 期。

[90] 代明、殷仪金、戴谢尔:《创新理论:1912—2012——纪念熊彼特〈经济发展理论〉首版 100 周年》,《经济学动态》2012 年第 4 期。

[91] 邓汉慧、赵曼:《企业核心利益相关者的利益要求——紫金矿业案例分析》,《中国工业经济》2007 年第 8 期。

[92] 范柏乃:《发展高技术产业人才政策实证研究》,《中国软科学》2000 年第 8 期。

[93] 范柏乃、班鹏:《基于 SD 模拟的企业自主创新财税政策激励研究》,《自然辩证法通讯》2008 年第 3 期。

[94] 范柏乃、段忠贤、江蕾:《创新政策研究述评与展望》,《软科学》2012 年第 11 期。

[95] 范云鹏:《创新政策对大众创业万众创新影响的实证分析——以山西省为例》,《经济问题》2016 年第 9 期。

[96] 范兆斌、苏晓艳:《政策激励、所有权特征与企业的创新行为》,《南方经济》2009 年第 3 期。

[97] 风笑天:《社会调查中的问卷设计》,中国人民大学出版社 2014 年版。

[98] 冯根福、温军:《中国上市公司治理与企业技术创新关系的实证分析》,《中国工业经济》2008 年第 7 期。

[99] 冯毅梅、李兆友:《技术创新政策执行困境及其破解》,《人民论坛》2015 年第 23 期。

[100] [美]福勒:《调查问卷的设计与评估》,蒋逸民译,重庆大学出版社 2010 年版。

[101] [美]盖伊·彼得斯、冯尼斯潘·弗兰斯:《公共政策工具:对公共管理工具的评价》,顾建光译,中国人民大学出版社 2007 年版。

[102] 高忠义、王永贵:《用户创新及其管理研究现状与展望》,《外国

经济与管理》2006 年第 4 期。

[103] 龚勤林、刘慈音:《基于三维分析框架视角的区域创新政策体系评价——以成都市"1+10"创新政策体系为例》,《软科学》2015 年第 9 期。

[104] 辜秋琴:《我国企业技术创新中的政策激励机制研究》,《经济纵横》2008 年第 8 期。

[105] 顾建光:《公共政策分析学》,上海人民出版社 2004 年版。

[106] 韩振华、任剑峰:《社会调查研究中的社会称许性偏见效应》,《华中科技大学学报(社会科学版)》2002 年第 3 期。

[107] 贺玲:《论税收优惠对提升企业专用性人力资本投资的激励》,《税务研究》2012 年第 8 期。

[108] 洪进、洪嵩、赵定涛:《技术政策、技术战略与创新绩效研究——以中国航空航天器制造业为例》,《科学学研究》2015 年第 2 期。

[109] 胡宁生:《现代公共政策学》,中央编译出版社 2007 年版。

[110] 黄灿:《欧盟和中国创新政策比较研究》,《科学学研究》2004 年第 2 期。

[111] 纪建悦、刘艳青、王翠等:《利益相关者影响企业财务绩效的理论分析与实证研究》,《中国管理科学》2009 年第 6 期。

[112] 贾理群、刘旭、汪应洛:《新熊彼特主义学派关于技术创新理论的研究进展》,《中国科技论坛》1995 年第 5 期。

[113] 贾生华、陈宏辉:《基于利益相关者共同参与的战略性环境管理》,《科学学研究》2002 年第 2 期。

[114] 江若玫:《企业利益相关者理论与应用研究》,北京大学出版社 2009 年版。

[115] 蒋铁柱、杨亚琴:《构建完善的科技创新政策支持体系——北京、上海、深圳三地科技创新模式比较》,《上海社会科学院学术季刊》2001 年第 3 期。

[116] [美]凯西·卡麦兹:《建构扎根理论:质性研究实践指南》,边国英译,重庆大学出版社 2009 年版。

［117］柯银斌、康荣平、沈泱:《中国企业海外研发的功能与定位》,《经济界》2011 年第 6 期。

［118］孔婕:《欧美国家创新政策绩效评估模型研究及启示》,《技术与创新管理》2010 年第 3 期。

［119］匡小平、肖建华:《我国自主创新能力培育的税收优惠政策整合——高新技术企业税收优惠分析》,《当代财经》2008 年第 1 期。

［120］雷宏振、许斌:《基于吸收能力的不同跨越式技术创新路径选择研究》,《科技进步与对策》2011 年第 17 期。

［121］李凡、李娜、刘沛罡:《中印技术创新政策演进比较研究——基于目标、工具和执行的定量分析》,《科学学与科学技术管理》2015 年第 10 期。

［122］李飞、陈浩、曹鸿星等:《中国百货商店如何进行服务创新——基于北京当代商城的案例研究》,《管理世界》2010 年第 2 期。

［123］李靖华、常晓然:《我国流通产业创新政策协同研究》,《商业经济与管理》2014 年第 9 期。

［124］李苹莉:《经营者业绩评价:利益相关者模式》,浙江人民出版社2001 年版。

［125］李伟红:《国外政府干预技术创新政策的启示》,《经济论坛》2006 年第 9 期。

［126］李伟铭、崔毅、陈泽鹏等:《技术创新政策对中小企业创新绩效影响的实证研究——以企业资源投入和组织激励为中介变量》,《科学学与科学技术管理》2008 年第 9 期。

［127］李杨、张鹏举、付亦重:《欧盟服务业创新政策新发展及对中国的启示》,《科技进步与对策》2015 年第 19 期。

［128］李瑛、康德颜、齐二石:《政策评估的利益相关者模式及其应用研究》,《科研管理》2006 年第 2 期。

［129］李梓涵昕、朱桂龙、刘奥林:《中韩两国技术创新政策对比研究——政策目标、政策工具和政策执行维度》,《科学学与科学技术管理》

2015 年第 4 期。

［130］利贝卡普：《产权的缔约分析》，陈宇东译，中国社会科学出版社2001 年版。

［131］连燕华：《产学研合作与技术创新》，《科学学与科学技术管理》1996 年第 6 期。

［132］林淼、苏竣、张雅娴等：《技术链、产业链和技术创新链：理论分析与政策含义》，《科学学研究》2001 年第 4 期。

［133］林曦：《网络视角下的利益相关者管理：结构嵌入及其拓展》，《现代管理科学》2011 年第 9 期。

［134］林曦：《企业利益相关者管理：从个体、关系到网络》，东北财经大学出版社 2010 年版。

［135］刘凤朝、孙玉涛：《我国科技政策向创新政策演变的过程、趋势与建议——基于我国 289 项创新政策的实证分析》，《中国软科学》2007 年第 5 期。

［136］刘虹、肖美凤、唐清泉：《R&D 补贴对企业 R&D 支出的激励与挤出效应——基于中国上市公司数据的实证分析》，《经济管理》2012 年第 4 期。

［137］刘会武、卫刘江、王胜光等：《面向创新政策评价的三维分析框架》，《中国科技论坛》2008 年第 5 期。

［138］刘美玉：《企业利益相关者共同治理与相互制衡研究》，东北财经大学博士学位论文，2007 年。

［139］刘启华、姚浩、徐少亚：《基于技术科学视角的现代政策科学体系新架构》，《科学学研究》2007 年第 1 期。

［140］刘松年：《影响产学研合作的理论问题研究》，《科技进步与对策》2012 年第 2 期。

［141］刘武、富萍萍、杨永康：《以价值为本的领导行为与员工激励》，《科学管理研究》2001 年第 6 期。

［142］刘学：《预期与企业技术创新动力机制》，《科研管理》1996 年第

4 期。

[143] 刘雅桢、谢瑞峰:《基于利益相关者理论的企业绩效评价研究》，《经济研究导刊》2008 年第 17 期。

[144] 娄伟、李萌:《我国科技人才创新能力的政策激励》，《科学学与科学技术管理》2006 年第 11 期。

[145] 吕明洁:《我国自主创新政策绩效评价的 DEA 分析——以上海市高新技术产业为例》，《经济论坛》2009 年第 20 期。

[146] [美]马克斯威尔·约瑟夫:《质的研究设计:一种互动的取向》，朱光明译，重庆大学出版社 2007 年版。

[147] 马理:《自主创新、政府采购与招投标机制设计》，《中国软科学》2007 年第 6 期。

[148] 马庆国:《管理统计:数据获取、统计原理、SPSS 工具与应用研究》，科学出版社 2002 年版。

[149] 马迎贤:《组织间关系:资源依赖视角的研究综述》，《管理评论》2005 年第 2 期。

[150] [美]纳尔逊、温特:《经济变迁的演化理论》，胡世凯译，商务印书馆 1997 年版。

[151] 庞艳桃、赵玉林:《技术性贸易壁垒与我国高技术产业发展》，《中南财经政法大学学报》2002 年第 1 期。

[152] 彭辉:《基于内容分析法的上海市科技创新政策文本分析》，《大连理工大学学报(社会科学版)》2017 年第 1 期。

[153] 彭纪生、仲为国、孙文祥:《政策测量、政策协同演变与经济绩效:基于创新政策的实证研究》，《管理世界》2008 年第 9 期。

[154] 亓梦佳:《泉州市民营中小企业科技创新政策执行力研究——基于企业调查视角》，华侨大学硕士学位论文，2014 年。

[155] 荣泰生:《AMOS 与研究方法》，重庆大学出版社 2009 年版。

[156] 盛亚:《企业技术创新管理:利益相关者方法》，光明日报出版社 2009 年版。

［157］盛亚、陈剑平:《区域创新政策中利益相关者的量化分析》,《科研管理》2013 年第 6 期。

［158］盛亚、单航英:《利益相关者与企业技术创新绩效关系:基于高度平衡型利益相关者的实证研究》,《科研管理》2008 年第 6 期。

［159］盛亚、单航英、陶锐:《基于利益相关者的企业创新管理模式:案例研究》,《科学学研究》2007 年第 1 期。

［160］盛亚、孙津:《我国区域创新政策比较——基于浙、粤、苏、京、沪5 省(市)的研究》,《科技进步与对策》2013 年第 6 期。

［161］盛亚、陶锐:《基于利益相关者的企业技术创新产权主体探讨》,《科学学研究》2006 年第 5 期。

［162］盛亚、陶锐:《企业自主创新与利益相关者的关系特征研究》,《科技进步与对策》2007 年第 2 期。

［163］盛亚、王节祥:《利益相关者权利非对称、机会主义行为与 CoPS创新风险生成》,《科研管理》2013 年第 3 期。

［164］盛亚、吴蓓:《基于利益相关者的企业技术创新产权问题诠释》,《科学学与科学技术管理》2007 年第 9 期。

［165］盛亚、尹宝兴:《复杂产品系统创新的利益相关者作用机理:ERP为例》,《科学学研究》2009 年第 1 期。

［166］宋伟:《项目管理学》,人民邮电出版社 2013 年版。

［167］苏靖:《关于促进自主创新政策落实的若干思考》,《中国科技论坛》2012 年第 2 期。

［168］苏英、赵兰香、吴灼亮等:《美国创新政策的演变及其启示》,《科学学与科学技术管理》2006 年第 6 期。

［169］孙伟、高建、张帏等:《产学研合作模式的制度创新:综合创新体》,《科研管理》2009 年第 5 期。

［170］汤易兵:《促进产学合作政策工具:英、美与中国比较研究》,《科学学研究》2005 年第 12 期。

［171］［美]唐纳森·托马斯:《有约束力的关系》,赵月瑟译,上海社会

科学 2001 年版。

　　[172] 陶锐、盛亚:《技术创新利益相关者的产权认识——主体性产权理论的视角》,《科学学研究》2006 年第 s2 期。

　　[173] 童光辉:《公共物品概念的政策含义——基于文献和现实的双重思考》,《财贸经济》2013 年第 1 期。

　　[174] 王春梅、黄科、郭霖:《基于社会网络分析的南京创新政策研究》,《科技管理研究》2014 年第 15 期。

　　[175] 王丛虎:《论我国政府采购促进自主创新》,《科学学研究》2006 年第 6 期。

　　[176] 王俊:《R&D 补贴对企业 R&D 投入及创新产出影响的实证研究》,《科学学研究》2010 年第 9 期。

　　[177] 王璐、高鹏:《扎根理论及其在管理学研究中的应用问题探讨》,《外国经济与管理》2010 年第 12 期。

　　[178] 王巧:《我国创新政策研究热点挖掘:基于共词聚类分析法的文献计量分析》,《中南财经政法大学研究生学报》2016 年第 5 期。

　　[179] 王勤、姜国兵、张子璇:《科技创新强省政策绩效评价实践探索:基于 A 省的实证》,《科技管理研究》2017 年第 15 期。

　　[180] 王瑞祥:《政策评估的理论、模型与方法》,《预测》2003 年第 3 期。

　　[181] 王升:《FDI 影响我国企业模仿或自主创新机制分析》,《科学学研究》2007 年第 a02 期。

　　[182] 王元地、刘凤朝、潘雄锋:《专利技术许可与中国企业创新能力发展》,《科学学研究》2011 年第 12 期。

　　[183] [英]威勒等:《利益相关者公司》,张丽华译,经济管理出版社 2002 年版。

　　[184] 魏荣:《企业知识型员工创新动机的理论演释》,《自然辩证法研究》2010 年第 6 期。

　　[185] 文家春、朱雪忠:《政府资助专利费用对我国技术创新的影响机

理研究》，《科学学研究》2009 年第 5 期。

［186］闻媛:《技术创新政策分析与工具选择》，《科技管理研究》2009 年第 8 期。

［187］吴玲、贺红梅:《基于企业生命周期的利益相关者分类及其实证研究》，《四川大学学报(哲学社会科学版)》2005 年第 6 期。

［188］伍启元:《公共政策》，商务印书馆 1989 年版。

［189］武欣:《创新政策:概念、演进与分类研究综述》，《生产力研究》2010 年第 7 期。

［190］谢明:《公共政策概论》，中国人民大学出版社 2010 年版。

［191］谢园园、梅姝娥、仲伟俊:《产学研合作行为及模式选择影响因素的实证研究》，《科学学与科学技术管理》2011 年第 3 期。

［192］［美］熊彼特:《经济发展理论:对于利润资本信贷利息和经济周期的考察》，何畏、易家祥译，商务印书馆 1990 年版。

［193］［美］熊彼特:《资本主义、社会主义与民主》，吴良健译，商务印书馆 1999 年版。

［194］徐大可、陈劲:《创新政策设计的理念和框架》，《国家行政学院学报》2004 年第 4 期。

［195］许庆瑞:《全面创新管理:理论与实践》，科学出版社 2007 年版。

［196］许庆瑞、蒋键、郑刚:《各创新要素全面协同程度与企业特质的关系实证研究》，《研究与发展管理》2005 年第 3 期。

［197］许庆瑞、郑刚、喻子达等:《全面创新管理(TIM):企业创新管理的新趋势——基于海尔集团的案例研究》，《科研管理》2003 年第 5 期。

［198］杨瑞龙:《企业的利益相关者理论及其应用》，经济科学出版社 2000 年版。

［199］杨瑞龙、杨其静:《企业理论:现代观点》，中国人民大学出版社 2005 年版。

［200］杨瑞龙、周业安:《论利益相关者合作逻辑下的企业共同治理机制》，《中国工业经济》1998 年第 1 期。

[201] 杨瑞龙、周业安:《交易费用与企业所有权分配合约的选择》,《经济研究》1998 年第 9 期。

[202] 杨武:《技术创新产权》,清华大学出版社 1999 年版。

[203] 岳瑢:《论创新政策在高技术产业集群中的作用》,《科学学与科学技术管理》2004 年第 11 期。

[204] 张凤海、侯铁珊:《技术创新理论述评》,《东北大学学报(社会科学版)》2008 年第 2 期。

[205] 张鹏、李新春:《专利制度与技术创新之间关系的思考》,《自然辩证法研究》2002 年第 6 期。

[206] 张术霞、范琳洁、王冰:《我国企业知识型员工激励因素的实证研究》,《科学学与科学技术管理》2011 年第 5 期。

[207] 张同全:《企业人力资本产权论》,中国劳动社会保障出版社 2003 年版。

[208] 张望军、彭剑锋:《中国企业知识型员工激励机制实证分析》,《科研管理》2001 年第 6 期。

[209] 张维迎:《企业理论与中国企业改革》,北京大学出版社 1999 年版。

[210] 张维迎:《企业的企业家:契约理论》,上海人民出版社 2015 年版。

[211] 张炜:《技术创新过程模式的发展演变及战略集成》,《科学学研究》2004 年第 1 期。

[212] 张炜、费小燕、方辉:《区域创新政策多维度评价指标体系设计与构建》,《科技进步与对策》2016 年第 1 期。

[213] 张文彤:《SPSS 统计分析高级教程》,高等教育出版社 2013 年版。

[214] 张雅娴、苏竣:《技术创新政策工具及其在我国软件产业中的应用》,《科研管理》2001 年第 4 期。

[215] 赵兰香:《技术学习过程与技术创新政策》,《科研管理》1999 年第 6 期。

[216] 赵莉晓:《创新政策评估理论方法研究——基于公共政策评估逻辑框架的视角》,《科学学研究》2014 年第 2 期。

[217] 赵筱媛、苏竣:《基于政策工具的公共科技政策分析框架研究》,《科学学研究》2007 年第 1 期。

[218] 赵修卫:《现代科技创新政策发展的四个特点》,《科学学研究》2006 年第 6 期。

[219] 赵卓嘉:《团队内部人际冲突、面子对团队创造力的影响研究》,浙江大学博士学位论文,2009 年。

[220] 郑春美、李佩:《政府补助与税收优惠对企业创新绩效的影响——基于创业板高新技术企业的实证研究》,《科技进步与对策》2015 年第 16 期。

[221] 郑伟:《促进我国高科技产业突破性发展的财税政策创新研究》,《科技进步与对策》2007 年第 8 期。

[222] 周贵川、揭筱纹:《技术创新政策对企业间合作技术创新动机的调节作用研究》,《软科学》2012 年第 5 期。

[223] 周国红、陆立军:《科技型中小企业成长环境评价指标体系的构建》,《数量经济技术经济研究》2002 年第 2 期。

[224] 周国红、陆立军:《企业 R&D 绩效测量的实证研究——基于对 1162 家浙江省科技型中小企业问卷调查与分析》,《科学学与科学技术管理》2002 年第 3 期。

[225] 周景勤:《中小企业技术创新政策工具功能探讨》,《北京市经济管理干部学院学报》2005 年第 3 期。

[226] 周其仁:《市场里的企业:一个人力资本与非人力资本的特别合约》,《经济研究》1996 年第 6 期。

[227] 周雪光:《组织社会学十讲》,社会科学文献出版社 2003 年版。

[228] 周业安、高新雅:《区域综合性创新政策能够提升当地的创新能力吗——基于西部大开发的经验实证研究》,《经济管理》2008 年第 23—24 期。

图 索 引

表 索 引

后　记

日月如梭,转眼三年半的博士生涯即将告以结束。回望往昔,感触良多。在三年前的人生低点,我来到浙江工商大学攻读博士学位。昔时,事业、经济与生活上的压力让我有些喘不过气来,回到象牙塔"躲进小楼成一统"似乎成了一个逃避现实的无奈选择。值得庆幸的是,这个选择带给我的比预想的多得多,这包括知耻而后勇的勇气、专注与坚持的理解、正直与良善的信念以及对"反者道之动"的人生领悟。饮水思源,请允许我谨用以下贫乏的语句表达我对各位师长、同学与亲人的诚挚谢意。

首先,谨向我的导师盛亚教授献上最诚挚的感谢、感激及感恩之情。盛老师有着正直刚毅的人格魅力、严谨务实的学术精神、诲人不倦的高尚师德,耳濡目染让我受益良多。感谢盛老师对我的悉心指导,盛老师是我学术研究之路的领路人,看着标满盛老师修改意见细则的论文初稿,感慨之余感动不已;感谢盛老师对我在学习和生活上无微不至的关怀,这给了我极大的帮助和启迪;还要盛老师的严于律己与身正令行,在学习和论文的写作过程中我丝毫不敢懈怠。在今后的学习、工作和生活中我也一定会脚踏实地、兢兢业业,用爱和行动来感恩盛老师的教诲。

其次,我要感谢浙工商技术创新研究团队的李靖华教授。李老师淳朴的性格、敏锐的眼光与真诚的态度,给了我巨大的帮助与启发,是包括我在内所有团队学生成员的超级偶像。每次我在学术例会进行汇报后,都免不了满怀期望又忐忑不安地想听到李老师招牌式的开头"我来说两句……"。还有韦影老师、吴义爽老师,虽然我与这两位老师年龄相差不大,但在学术造诣上却难望其项背。两位老师才华横溢、无私友善,为我提供了许多极具价值的宝贵意见,是我的良师益友。

我要感谢与我一起成长的诸位同学,特别是我的同门吴俊杰博士。吴博士有着深厚的学术造诣,更可贵的是他重情重义、乐于助人的个性禀赋。他不仅仅为我的论文提供了许多宝贵的意见,还主动关心、督促与帮助我克服工作与生活上的重重困难,是名副其实的兄长。感谢与我一起朝夕相处、奋斗三年的研究生师弟:朱科杰和孙津,你们给了我巨大的思路启发与醇厚的友情寄托。感谢黄秋波博士、沈玉燕博士、王节祥博士、周勇、杨虎与徐璇等浙工商技术创新研究团队的同袍战友,三年多来每个星期至少一次的学术讨论会的确使我受益匪浅。另外,我还要感谢唐茂林博士、王芬博士、龚君娇博士、徐虹博士、郑秀田博士等同班同学,你们不仅让我在博士攻读期间收获了丰硕的友谊,还为我的论文调研活动提供了巨大的支持与帮助。感谢我的亲朋好友陈献鸿先生、熊觉民先生、熊月珍女士、吕志宏先生、刘晓川先生、饶伟先生等,你们的鼓励与支持是我完成学业的动力源泉。

感谢我的父母,看着父母日益斑白的鬓发,感觉他们为我付出了太多,为我操劳了太久。让我体会到"树欲静而风不止,子欲养而亲不待"的紧迫感。谢谢你们! 感谢我的岳父母,感谢你们信赖、支持与鼓励我的求学理想! 感谢我的妻子熊月芳女士,你朴实的性格、豁达的心态与坚贞的情感,是我坚定理想与继往开来的精神支柱! 感谢我的大宝贝安安,三年来你从牙牙学语成长为一个棒小子,是你给了爸爸更加努力的理由与动力,祝你健康成长! 当然,还有我的小宝贝宁宁,你的到来坚定了我作为父亲应有舐犊情深的责任与知行合一的表率,做更好的自己!

责任编辑：陈 登

图书在版编目（CIP）数据

创新政策的测量、评价与创新：利益相关者视角/陈剑平 著. —北京：
人民出版社，2018.6
ISBN 978 - 7 - 01 - 019453 - 0

Ⅰ.①创…　Ⅱ.①陈…　Ⅲ.①技术革新-科技政策-研究-中国
Ⅳ.①G322.0

中国版本图书馆 CIP 数据核字（2018）第 128115 号

创新政策的测量、评价与创新
CHUANGXIN ZHENGCE DE CELIANG PINGJIA YU CHUANGXIN
——利益相关者视角

陈剑平　著

人民出版社 出版发行
（100706　北京市东城区隆福寺街 99 号）

北京汇林印务有限公司印刷　新华书店经销

2018 年 6 月第 1 版　2018 年 6 月北京第 1 次印刷
开本：710 毫米×1000 毫米 1/16　印张：14
字数：208 千字

ISBN 978 - 7 - 01 - 019453 - 0　定价：40.00 元

邮购地址 100706　北京市东城区隆福寺街 99 号
人民东方图书销售中心　电话 （010）65250042　65289539